普通高等教育新工科人才培养测绘工程专业"十四五"规划

自然资源调查监测与分析案例实战

邹滨　冯徽徽　许珊 ⊙ 编著

PRACTICAL CASES ON MONITORING AND
ANALYSIS OF NATURAL RESOURCE

中南大学出版社
www.csupress.com.cn
·长沙·

目 录

第1章 自然资源调查监测概述

1.1 自然资源调查监测产生背景

1.1.1 自然资源调查监测内涵

1. 自然资源的内涵

何谓自然资源？地理学家金梅曼在《世界资源与产业》中较早地给出了自然资源的完备定义：能（或被认为能）满足人类需求的环境或其某些部分，强调了自然资源能被人类感知、满足人类需求的特性。《大英百科全书》对自然资源的定义为："人类可以利用的自然生成物及生成这些成分的环境的功能，前者如土地、水、大气、岩石、矿物、生物及其集群的森林、草场、矿藏、陆地、海洋等；后者如太阳能、环境的地球物理机能（气象、海洋现象、水文地理现象），环境的生态学机能（植物的光合作用、生物的食物链、微生物的腐蚀分解作用等），地球化学循环机能（地热现象、化石燃料，非金属矿物生成作用等）。"此定义明确了环境功能也是自然资源不可或缺的一部分。《辞海》（第七版）中将自然资源定义为："人类可直接从自然界获得，并用于生产和生活的物质资源，如土地、矿藏、气候、水利、生物、森林、海洋、太阳能等，具有有限性、区域性和整体性特点。"这一定义突出了自然资源的自然特性。

尽管这些定义存在一定差异，但其内涵却较为一致，即：自然资源具有生产性、时空性和动态性的特征。生产性强调"以人为本"，认为自然资源不能脱离生产应用与社会需求；时空性表示自然资源不能超越一定时空范围；动态性则体现在两个方面，一是其分布、数量、质量等特性可能随时间发生变化，二是随着人类技术的发展，自然资源涵盖的范围、种类可能随之变化。基于此，自然资源部将自然资源定义为天然存在、有使用价值、可提高人类当前和未来福利的自然环境因素的总和，涉及土地、矿产、森林、草原、水、湿地、海域海岛等，涵盖陆地和海洋、地上和地下。

2. 自然资源调查与自然资源监测的定义

自然资源对于人类当前与未来福祉具有至关重要的作用，厘清并实时把握自然资源的现状与变化趋势是有效利用、管理和保护自然资源的必要前提，而开展自然资源调查与监测是实现这一前提的必要手段。

在《辞海》中，"调查"是指为了了解一定对象的客观实际情况，采用一定工具如访问、问卷等，通过直接或间接接触，对其进行实际考察、询问，获得相关信息；而"监测"是指通过一定仪器设备的测量，定量获取监测对象的某些特征参数，通过对这些数据的分析，来监视该监测对象的动向和态势。结合自然资源的内涵与调查、监测的含义，自然资源调查实质上是查明某一地区自然资源的数量、质量、分布和开发条件，提供资源清单、图件和评价报告，为自然资源的开发和生产布局提供第一手资料的过程，其侧重于了解自然资源现状全貌，构建自然资源管理的底图，属性信息全面、详尽，但周期相对较长；而自然资源监测是指在基础调查和专项调查形成的自然资源本底数据基础上，掌握自然资源自身变化及人类活动引起的变化情况的一项工作，其侧重于反映自然资源的实时性和趋向，成本相对较低，周期短，时效性较强。总体而言，自然资源调查与自然资源监测密不可分，只有二者有机结合才能有效助力自然资源的全流程动态管理。

1.1.2 自然资源调查监测发展概况

我国的自然资源管理在早期由于不同资源类型分散于不同管理部门，呈现横向分离的特点。因此，自然资源调查监测通常按照不同管理部门的职能分别开展，例如土地调查监测、森林资源清查与监测、草原资源调查监测、矿产资源调查监测、水资源调查监测、湿地资源调查监测、地理国情普查与监测等。

1. 土地调查监测

土地调查监测主要由国土部门组织开展，是为查清某一国家、某一地区或某一单位的土地数量、质量、分布、利用状况及其动态趋势而进行的量测、分析和评价工作。土地调查主要包括土地现状调查、土地变更调查和土地专项调查。土地监测则包括土地质量、土地资源经济信息等的动态监测。第一次全国土地调查自 1984 年开始，由于技术落后，历时 13 年才完成；第二次全国土地调查于 2007 年启动，这一阶段以遥感(remote sensing, RS)、全球定位系统(global positioning system, GPS)、地理信息系统(geographic information systems, GIS)(3S技术)等高新技术为主要手段；第三次全国土地调查自 2017 年开始，2018 年由于机构改革、自然资源部组建，更名为第三次全国国土调查，土地调查从满足土地管理需求发展为查清各类资源在国土空间上的分布状况。土地变更调查与监测是在大调查的基础上分别利用外业实地调查与遥感遥测技术对区域的土地利用状况、土地权属、质量、环境等信息进行定期或不定期的监视和测定。土地专项调查则是在特定范围、特定时间内对特定对象进行专门调查，例如耕地后备资源调查、土地利用动态遥感监测和勘测定界等。

2. 森林资源清查与监测

森林资源清查监测涉及林业、国土和测绘三个部门，是指对林木、林地和林区内的野生动植物及其他自然环境因素的分布、种类、数量、质量及其动态变化进行调查与监测。其中，森林资源清查包括全国森林资源连续清查、规划设计调查、作业设计调查等。森林资源连续清查也称第一类调查，目的是从宏观上掌握森林资源的现状与变化，大都采用以固定样地为基础的连续抽样方法。从 1973 年开始到 2018 年，全国已先后开展九次森林资源清查工作，系统揭示了我国森林资源的现状与动态变化、区域分布和功能效益。其中，从 2005 年开始，森林资源清查工作增加了遥感影像卫星判读，有效提升了森林资源调查的精度。规划设计调查也称第二类调查，是以国有林业局(场)、自然保护区、森林公园等森林经营单位或县级行政区为调查单位，以满足森林经营方案、总体设计、林业区划与规划设计需要而进行的森林资源调查。作业设计调查也称第三类调查，是林业基层单位为满足伐区设计、抚育采伐设计等的需要而进行的调查。森林资源监测就是以森林资源清查为基础，通过对固定样地的定期复查，更新森林资源数据。我国于1989年开始建立全国森林资源监测体系，该体系以全国森林资源连续清查体系为基础，由国家森林资源检测、地方森林资源监测和资源通信与管理系统组成。

3. 草原资源调查监测

草原资源调查监测也称草地资源调查监测，主要由农业、国土和测绘部门组织展开，是对草地资源的数量、质量、空间分布、类型、利用现状与动态趋势进行调查与量测，并依据成果提出开发利用、保护对策。1979年，我国以县（旗）为单位，采用常规调查和遥感相结合的方法，开展了全国第一次统一草地资源调查，形成了草地类型、等级、现状分布图件，面积、生产力、载畜牧量等草地资源统计册等中国第一批较完整的草地资源成果。第二次草原调查于2017—2018年进行，在农业部畜牧业司的组织下，全国各省在第一次草地调查与国土二调成果的基础上开展了"草地资源清查"，提出了新的草地分类标准。从2019年开始，自然资源部在收集草原资源和第三次全国土地调查的基础上，组织实施了以综合植被覆盖指数为主的草原资源专项调查。在草地资源监测方面，从2008年起，农业部开始组织发布《全国草原监测报告》，旨在全面获取全国草原资源与生态状况的动态信息，并进行科学的分析与评价，编制年度全国草原监测报告。

4. 矿产资源调查

矿产资源是由地质作用形成的具有利用价值的固态、液态、气态自然资源，因此，最初的矿产资源调查也称地质矿产调查，主要由国土部门与地质调查局承担。地质矿产调查一般基于区域地质构造特征，采用物探、化探、遥感等方法检查和分析地表的矿化线索。从2011年起，国土资源部开始组织编制年度《中国矿产资源报告》，着重介绍在矿产资源勘查开发利用、矿山地质环境保护、地质矿产调查评价、矿产资源规划、矿产资源管理政策法规等方面的工作。2020年6月，自然资源部发布了矿产资源国情调查实施方案，旨在全面摸清我国矿产资源数量、质量、结构和空间分布情况。

5. 水资源调查监测

水资源调查监测工作涉及水利、国土和测绘3个部门。水利部于1980年向全国水利系统布置水资源综合评价和合理利用的研究任务，推动开展了全国第一次水资源调查评估工作，基本查明了全国各地区水资源的数量、时空分布特点与开发利用现状。2002年，在国家发展和改革委员会和水利部牵头组织的全国水资源综合规划编制工作中，经过两年努力完成了第一阶段水资源及其开发利用评价调查工作，也即全国第二次水资源调查。2010年，在水利部组织下开展了为期两年的全国第一次水利普查工作，该工作对河流湖泊、水利工程、重点经济社会取用水户等情况进行了全面普查，为掌握水资源开发、利用和保护现状，摸清经济社会发展对水资源的需求，了解水利行业能力建设状况，建立国家基础水信息平台，以及为国家经济社会发展提供可靠的基础水信息支撑和保障。2017年，水利部启动了第三次全国水资源调查评价工作，目的是在前两次全国水资源调查评价、第一次水利普查等已有成果的基础上，系统分析60年来我国水资源的演变规律和特点，建立水资源调查评价基础信息平台。水资源动态变化监测则主要依赖于水文站、雨量站和气象站（台）等构成的水资源动态监测网以及遥感与遥测技术。

6.湿地资源调查

湿地资源调查主要由林业部门组织开展。2003年我国完成了首次全国湿地资源调查，初步掌握了单块面积100 ha以上湿地的基本情况。采用3S技术与现地核查相结合的方法，国家林业局于2009—2013年组织完成了第二次全国湿地资源调查，对面积为8 ha及以上的近海与海岸湿地、湖泊湿地、沼泽湿地、人工湿地以及宽度10 m以上、长度5 km以上的河流湿地，开展了湿地类型、面积、分布、植被和保护状况的调查。2016年，经国务院同意，林业主管部门会同有关部门发布了湿地保护修复制度方案，明确健全湿地监测评价体系，强调以10年为周期开展全国湿地资源调查，与此同时，完善湿地监测网络与监测信息发布机制。

7.地理国情普查与监测

地理国情普查与监测由测绘管理部门组织开展。地理国情是以地球表层自然、生物和人文现象的空间变化和它们之间的相互关系、特征等为基本内容，对构成国家物质基础的各种条件因素做出宏观性、整体性、综合性的描述，包括自然地理国情、人文地理国情和社会经济国情，涵盖了国土疆域概况、地理区域特征、地形地貌特征、道路交通网络、江河湖海分布、地表覆盖、城市布局和城镇化扩张、环境与生态状况、生产力空间布局等。2013—2015年，国家测绘与地理信息局组织开展了第一次全国地理国情普查，全面查清了我国12个一级类、58个二级类、135个三级类自然与人文地理要素的现状和空间分布情况，掌握了我国地理国情"家底"。从2016年开始，进入地理国情监测常态化新阶段，数据更新节点为每年的6月30日。具体来说，通过对自然、人文等地理要素动态进行定期化、定量化、空间化监测与变化量、变化频率、变化趋势等的统计分析，形成反映各类资源、环境、生态、经济要素发展变化规律的年度监测数据、图件和研究报告等。

综合以上分析可知，由于自然资源的管理分散在多部委，自然资源开发利用与保护并未形成一个统一整体，现有的各类自然资源的调查监测之间由于分类体系、内容指标、技术规定、成果质量标准等多方面的差异，造成数据成果或重叠交叉、或有留白、或空间和统计上报数据存在差异等问题，难以形成"一套数据"，成果不能共享，严重阻碍了自然资源管理职责明晰、国土空间用途管制规划落地、生态保护修复职责统一等工作的展开，已经成为中国特色社会主义新时代背景下生态文明引领的美丽中国建设、山水林田湖草生命共同体统一保护与修复亟待解决的关键问题之一。

1.1.3 机构改革背景下自然资源调查监测新内涵

2013年11月，党的十八届三中全会通过了《中共中央关于全面深化改革若干重大问题的决定》（以下简称《决定》），习近平总书记在《决定》的说明中指出，健全国家自然资源资产管理体制是健全自然资源资产产权制度的一项重大改革，也是建立系统完备的生态文明制度体系的内在要求。2017年10月，党的十九大报告提出要"改革生态环境监管体制。加强对生态文明建设的总体设计和组织领导，设立国有自然资源资产管理和自然生态监管机构，完善生态环境管理制度，统一行使全民所有自然资源资产所有者职责，统一行使所有国土空间用途管制和生态保护修复职责，统一行使监管城乡各类污染排放和行政执法职责。构建国土空间开发保护制度，完善主体功能区配套政策，建立以国家公园为主体的自然保护地体系。坚决制止和惩处破坏生态环境行为"。2018年3月，第十三届全国人民代表大会第一次会议表决通过了关于国务院机构改革方案的决定，将国土资源部的职责，国家发展和改革委员会的组织编制主体功能区规划职责，住房和城乡建设部的城乡规划管理职责，水利部的水资源调查和确权登记管理职责，农业部的草原资源调查和确权登记管理职责，国家林业局的森林、湿地等资源调查和确权登记管理职责，国家海洋局的职责，国家测绘地理信息局的职责整合，组建自然资源部，作为国务院组成部门，开创了生态文明建设和自然资源管理的新局面。

自然资源部的主要职责包括：履行全民所有土地、矿产、森林、草原、湿地、水、海洋等自然资源资产所有者职责和所有国土空间用途管制职责；拟订自然资源和国土空间规划及测绘、极地、深海等法律法规草案，制定部门规章并监督检查执行情况；负责自然资源调查监测评价；制定自然资源调查监测评价的指标体系和统计标准，建立统一规范的自然资源调查监测评价制度；实施自然资源基础调查、专项调查和监测；负责自然资源调查监测评价成果的监督管理和信息发布等；面对部门职责从分散到统一，资源与空间开发从增量到存量，管理手段从相对粗放到相对精细的转化需求，集土地、水、森林、草原、湿地以及矿产等自然资源的调查监测评价于一体，实现调查结果"一查多用"，最大程度发挥调查成果的综合效益，是自然资源部履行"两统一"职责的前提。

为此，自然资源部积极推进第三次全国国土调查实施，不仅农业、林业、水利等部门调查管理人员转录到位，对国土调查分类体系也进行了相应调整，以体现山水林田湖草生命共同体。不仅如此，自然资源部先后发布《自然资源调查监测体系构建总体方案》《自然资源调查监测标准体系（试行）》，为统一行业规范，全面构建自然资源监测评价体系奠定了坚实基础。在统一的自然资源监测评价体系下，自然资源部将继续做好土地变更调查、地理国情监测工作，以及各类资源的专项调查，汇集整合各类自然资源调查数据、成果和各部门已经形成的调查监测数据，建立统一的自然资源数据库，推进调查监测数据共享，建立健全自然资源监测调查评价制度与法律法规，奋力开拓自然资源调查监测评价工作新局面。

1.2 自然资源调查监测内容

1.2.1 自然资源调查监测目标任务

1. 总体目标

以习近平新时代中国特色社会主义思想为指导，贯彻落实习近平生态文明思想，履行自然资源部"两统一"职责（统一行使全民所有自然资源资产所有者职责和统一行使所有国土空间用途管制和生态保护修复职责），构建自然资源调查监测体系，统一自然资源分类标准，依法组织开展自然资源调查监测评价，查清我国各类自然资源家底和变化情况，为科学编制国土空间规划，逐步实现山水林田湖草的整体保护、系统修复和综合治理，保障国家生态安全提供基础支撑，为实现国家治理体系和治理能力现代化提供服务保障（自然资源部，2020）。

2. 总体思路

坚持山水林田湖草是一个生命共同体的理念，建立自然资源统一调查、评价、监测制度，形成协调有序的自然资源调查监测工作机制。以自然资源科学和地球系统科学为理论基础，建立以自然资源分类标准为核心的自然资源调查监测标准体系。以空间信息、人工智能、大数据等先进技术为手段，构建高效的自然资源调查监测技术体系。查清我国土地、矿产、森林、草原、水、湿地、海域海岛等自然资源状况，强化全过程质量管控，保证成果数据真实准确可靠；依托基础测绘成果和各类自然资源调查监测数据，建立自然资源三维立体时空数据库和管理系统，实现调查监测数据集中管理；分析评价调查监测数据，揭示自然资源相互关系和演替规律。

3. 工作任务

建立自然资源分类标准，构建调查监测系列规范；调查我国自然资源状况，包括种类、数量、质量、空间分布等；监测自然资源动态变化情况；建设调查监测数据库，建成自然资源日常管理所需的"一张底版、一套数据和一个平台"；分析评价自然资源调查监测数据，科学分析和客观评价自然资源和生态环境保护修复治理利用的效率。

1.2.2 自然资源分层分类模型

自然资源分类是自然资源管理的基础，是开展调查监测工作的前提，应遵循山水林田湖草是一个生命共同体的理念，充分借鉴和吸纳国内外自然资源分类成果，按照"连续、稳定、转换、创新"的要求，重构现有分类体系，着力解决概念不统一、内容有交叉、指标相矛盾等问题，体现科学性和系统性，又能满足当前管理需要。

根据自然资源产生、发育、演化和利用的全过程，以立体空间位置作为组织和联系所有自然资源体(即由单一自然资源分布所围成的立体空间)的基本纽带，以基础测绘成果为框架，以数字高程模型为基底，以高分辨率遥感影像为背景，按照三维空间位置，对各类自然资源信息进行分层分类，科学组织各个自然资源体有序分布在地球表面(如土壤等)、地表以上(如森林、草原等)，及地表以下(如矿产等)，形成一个完整的支撑生产、生活、生态的自然资源立体时空模型。各数据层如下：

1. 地表基质层

地表基质为第一层，是地球表层孕育和支撑森林、草原、水、湿地等各类自然资源的基础物质。海岸线向陆一侧(包括各类海岛)分为岩石、砾石、沙和土壤等，海岸线向海一侧按照海底基质进行细分。结合《岩石分类和命名方案》和《中国土壤分类与代码》等标准，研制地表基质分类。地表基质数据，目前主要通过地质调查、海洋调查、土壤调查等综合获取，下一步择时择机开展系统调查。

2. 地表覆盖层

地表覆盖层为第二层，是在地表基质层上，按照自然资源在地表的实际覆盖情况，将地球表面(含海水覆盖区)划分为作物、林木、草、水等若干覆盖类型，每个大类可再细分到多级类。参考《土地利用现状分类》《地理国情普查内容与指标》以及国土空间规划用途分类等，制定地表覆盖分类标准。地表覆盖数据可以通过遥感影像并结合外业调查快速获取。

为展现各类自然资源的生态功能，科学描述资源数量等，按照各类自然资源的特性，对自然资源利用、生态价值等方面的属性信息和指标进行描述。以森林资源为例，在地表覆盖的基础上，根据森林结构、林分特征等，从生态功能的角度，进一步描述其资源量指标，如森林蓄积量。

3. 管理层

管理层是第三层，是在地表覆盖层上，叠加各类日常管理、实际利用等界线数据（包括行政界线、自然资源权属界线、永久基本农田、生态保护红线、城镇开发边界、自然保护地界线、开发区界线等），从自然资源利用管理的角度进行细分。如按照规划要求，以管理控制区界线，划分各类不同的管控区；按照用地审批备案界线，区分审批情况；按照"三区三线"的管理界线，以及海域管理的"两空间内部一红线"等，区分自然资源的不同管控类型和管控范围；还可结合行政区界线、地理单元界线等，区分不同的自然资源类型。这层数据主要是规划或管理设定的界线，根据相关管理工作直接进行更新。

为完整表达自然资源的立体空间，在地表基质层下设置地下资源层，主要描述位于地表（含海底）之下的矿产资源，以及城市地下空间为主的地下空间资源。矿产资源参照《矿产资源法实施细则》，分为能源矿产、金属矿产、非金属矿产、水气矿产（包括地热资源）等类型。现有地质调查及矿产资源数据，可以满足自然资源管理需求的，可直接利用。对已经发生变化的，需要进行补充和更新。

通过构建自然资源立体时空模型，对地表基质层、地表覆盖层和管理层数据进行统一组织，并进行可视化展示，满足自然资源信息的快速访问、准确统计和分析应用，实现对自然资源的精细化综合管理。同时，通过统一坐标系统与地下资源层建立联系。

1.2.3　调查监测工作内容

1. 自然资源调查

自然资源调查分为基础调查和专项调查。其中，基础调查是对自然资源共性特征开展的调查，专项调查指为自然资源的特性或特定需要开展的专业性调查。基础调查和专项调查相结合，共同描述自然资源总体情况。

1）基础调查

基础调查主要任务是查清各类自然资源体投射在地表的分布和范围，以及开发利用与保护等基本情况，掌握最基本的全国自然资源本底状况和共性特征。基础调查以各类自然资源的分布、范围、面积、权属性质等为核心内容，以地表覆盖为基础，按照自然资源管理基本需求，组织开展我国陆海全域的自然资源基础性调查工作。

基础调查属重大的国情国力调查，由党中央、国务院部署安排。为保证基础调查成果的现势性，组织开展自然资源成果年度更新，及时掌握全国每一块自然资源的类型、面积、范围等方面的变化情况。

当前，以第三次全国国土调查（以下简称国土三调）为基础，集成现有的森林资源清查、湿地资源调查、水资源调查、草原资源清查等数据成果，形成自然资源管理的调查监测"一张底图"。按照自然资源分类标准，适时组织开展全国性的自然资源调查工作。

2）专项调查

针对土地、矿产、森林、草原、水、湿地、海域海岛等自然资源的特性、专业管理和宏观决策需求，组织开展自然资源的专业性调查，查清各类自然资源的数量、质量、结构、生态功能以及相关人文地理等多维度信息。建立自然资源专项调查工作机制，根据专业管理的需要，定期组织全国性的专项调查，发布调查结果。

（1）耕地资源调查

在基础调查耕地范围内，开展耕地资源专项调查工作，查清耕地的等级、健康状况、产能等，掌握全国耕地资源的质量状况。每年对重点区域的耕地质量情况进行调查，包括对耕地的质量、土壤酸化盐渍化及其他生物化学成分组成等进行跟踪，分析耕地质量变化趋势。

（2）森林资源调查

查清森林资源的种类、数量、质量、结构、功能和生态状况以及变化情况等，获取全国森林覆盖率、森林蓄积量以及起源、树种、龄组、郁闭度等指标数据。每年发布森林蓄积量、森林覆盖率等重要数据。

（3）草原资源调查

查清草原的类型、生物量、等级、生态状况以及变化情况等，获取全国草原植被覆盖度、草原综合植被盖度、草原生产力等指标数据，掌握全国草原植被生长、利用、退化、鼠害病虫害、草原生态修复状况等信息。每年发布草原综合植被盖度等重要数据。

（4）湿地资源调查

查清湿地类型、分布、面积，湿地水环境、生物多样性、保护与利用、受威胁状况等现状及其变化情况，全面掌握湿地生态质量状况及湿地损毁等变化趋势，形成湿地面积、分布、湿地率、湿地保护率等数据。每年发布湿地保护率等数据。

当前，在国土三调中，对全国湿地调查成果进行实地核实，验证每块湿地的实地现状，确定其类型、边界、范围和面积，更新全国湿地调查结果。三调结束后，利用两到三年时间，以高分辨率遥感影像和高精度数字高程模型为支撑，详细调查湿地植被情况、水源补给、流出状况、积水状况以及鸟类情况等。

（5）水资源调查

查清地表水资源量、地下水资源量、水资源总量、水资源质量、河流年平均径流量、湖泊水库的蓄水动态、地下水位动态等现状及变化情况；开展重点区域水资源详查。每年发布全国水资源调查结果数据。

（6）海洋资源调查

查清海岸线类型（如基岩岸线、砂质岸线、淤泥质岸线、生物岸线、人工岸线）、长度，查清滨海湿地、沿海滩涂、海域类型、分布、面积和保护利用状况以及海岛的数量、位置、面积、开发利用与保护等现状及其变化情况，掌握全国海岸带保护利用情况、围填海情况，以及海岛资源现状及其保护利用状况。同时，开展海洋矿产资源（包括海砂、海洋油气资源等）、海洋能（包括海上风能、潮汐能、潮流能、波浪能、温差能等）、海洋生态系统（包括珊瑚礁、红树林、海草床等）、海洋生物资源（包括鱼卵、子鱼、浮游动植物、游泳生物、底栖生物的种类和数量等）、海洋水体、地形地貌等调查。

（7）地下资源调查

地下资源调查主要为矿产资源调查，任务是查明成矿远景区地质背景和成矿条件，开展重要矿产资源潜力评价，为商业性矿产勘查提供靶区和地质资料；摸清全国地下各类矿产资源状况，包括陆地地表及以下各种矿产资源矿区、矿床、矿体、矿石主要特征数据和已查明资源储量信息等。掌握矿产资源储量利用现状和开发利用水平及变化情况。每年发布全国重要矿产资源调查结果。

地下资源调查还包括以城市为主要对象的地下空间资源调查，以及海底空间和利用，查清地下天然洞穴的类型、空间位置、规模、用途等，以及可利用的地下空间资源分布范围、类型、位置及体积规模等。

（8）地表基质调查

查清岩石、砾石、沙、土壤等地表基质类型、理化性质及地质景观属性等。条件成熟时，结合已有的基础地质调查等工作，组织开展全国地表基质调查，必要时进行补充调查与更新。

除以上专项调查外，还可结合国土空间规划和自然资源管理需要，有针对性地组织开展城乡建设用地和城镇设施用地、野生动物、生物多样性、水土流失、海岸带侵蚀，以及荒漠化和沙化、石漠化等方面的专项调查。

基础调查与专项调查统筹谋划、同步部署、协同开展。通过统一调查分类标准，衔接调查指标与技术规程，统筹安排工作任务。原则上采取基础调查内容在先、专项调查内容递进的方式，统筹部署调查任务，科学组织，有序实施，全方位、多维度获取信息，按照不同的调查目的和需求，整合数据成果并入库，做到图件资料相统一、基础控制能衔接、调查成果可集成，确保两项调查全面综合地反映自然资源的相关状况。

2. 自然资源监测

自然资源监测是在基础调查和专项调查形成的自然资源本底数据基础上，掌握自然资源自身变化及人类活动引起的变化情况的一项工作，实现"早发现、早制止、严打击"的监管目标。根据监测的尺度范围和服务对象，分为常规监测、专题监测和应急监测。

1）常规监测

常规监测是围绕自然资源管理目标，对我国范围内的自然资源定期开展的全覆盖动态遥感监测，及时掌握自然资源年度变化等信息，支撑基础调查成果年度更新，也服务年度自然资源督察执法以及各类考核工作等。常规监测以每年12月31日为时点，重点监测包括土地利用在内的各类自然资源的年度变化情况。

2）专题监测

专题监测是对地表覆盖和某一区域、某一类型自然资源的特征指标进行动态跟踪，掌握地表覆盖及自然资源数量、质量等变化情况。专题监测及其监测内容如下：

（1）地理国情监测

以每年6月30日为时点，主要监测地表覆盖变化，直观反映水草丰茂期地表各类自然资源的变化情况，结果满足耕地种植状况监测、生态保护修复效果评价、督察执法监管，以及自然资源管理宏观分析等需要。

（2）重点区域监测

围绕京津冀协同发展、长江经济带发展、粤港澳大湾区建设、长三角一体化发展、黄河流域生态保护和高质量发展等国家战略，以及三江源、秦岭、祁连山等生态功能重要地区和国家公园为主体的自然保护地，以及青藏高原冰川等重要生态要素，动态跟踪国家重大战略实施、重大决策落实以及国土空间规划实施等情况，监测区域自然资源状况、生态环境等变化情况，服务和支撑事中监管，为政府科学决策和精准管理提供准确的信息服务。

（3）地下水监测

依托国家地下水监测工程，开展主要平原盆地和人口密集区地下水水位监测；充分利用机井和民井，在全国地下水主要分布区和水资源供需矛盾突出、生态脆弱、地质环境问题严重的地区开展地下水位统测；采集地下水样本，分析地下水矿物质含量等指标，获取地下水质量监测数据。

（4）海洋资源监测

监测海岸带、海岛保护和人工用海情况，以及海洋环境要素、海洋化学要素、海洋污染物等。

（5）生态状况监测

监测水土流失、水量沙质、沙尘污染等生态状况，以及矿产资源开发及损毁情况、矿区生态环境状况等。

3）应急监测

根据党中央、国务院的指示，按照自然资源部党组的部署，对社会关注的焦点和难点问题，组织开展应急监测工作，突出"快"字，响应快、监测快、成果快、支撑服务快，第一时间为决策和管理提供第一手的资料和数据支撑。

自然资源监测要统筹好各项业务需求，做好与各项监测工作和服务应用系统的衔接和融合，充分发挥各部门已有各类监测站点的作用，科学设定监测的指标和监测频率，建立全国自然资源综合监测网络，实现监测站点实时数据共享，逐步建成自然资源监测体系。

3. 数据库建设

自然资源调查监测数据库是自然资源管理"一张底版、一套数据、一个平台"的重要内容，是国土空间基础信息平台的数据支撑。充分利用大数据、云计算、分布式存储等技术，按照"物理分散、逻辑集成"原则，建立自然资源调查监测数据库，实现对各类自然资源调查监测数据成果的集成管理和网络调用。

构建自然资源立体时空数据模型，以自然资源调查监测成果数据为核心内容，以基础地理信息为框架，以数字高程模型、数字表面模型为基底，以高分辨率遥感影像为覆盖背景，利用三维可视化技术，将基础调查获得的共性信息层与专项调查的特性信息层进行空间叠加，形成地表覆盖层。叠加各类审批规划等管理界线，以及相关的经济社会、人文地理等信息，形成管理层。建成自然资源三维立体时空数据库，直观反映自然资源的空间分布及变化特征，实现对各类自然资源的综合管理。

采用"专业化处理、专题化汇集、集成式共享"的模式，按照数据整合标准和规范要求，组织对历史数据进行标准化整合，集成建库，形成统一空间基础和数据格式的各类自然资源调查监测历史数据库。同时，每年的动态遥感监测结果也及时纳入数据库，实现对各类调查成果的动态更新。

4. 分析评价

统计汇总自然资源调查监测数据，建立科学的自然资源评价指标，开展综合分析和系统评价，为科学决策和严格管理提供依据。

1）统计

按照自然资源调查监测统计指标，开展自然资源基础统计，分类、分项统计自然资源调查监测数据，形成基本的自然资源现状和变化成果。

2）分析

基于统计结果等，以全国、区域或专题为目标，从数量、质量、结构、生态功能等角度，开展自然资源现状、开发利用程度及潜力分析，研判自然资源变化情况及发展趋势，综合分析自然资源、生态环境与区域高质量发展整体情况。

3）评价

建立自然资源调查监测评价指标体系，评价各类自然资源基本状况与保护开发利用程度，评价自然资源要素之间、人类生存发展与自然资源之间、区域之间、经济社会与区域发展之间的协调关系，为自然资源保护与合理开发利用提供决策参考。如全国耕地资源质量分析评价、全国水资源分析以及区域水平衡状况评价、全国草场长势及退化情况分析、全国湿地状况及保护情况分析评价等。

5. 成果及应用

1）成果内容

（1）数据及数据库

包括各类遥感影像数据，各种调查、监测及分析评价数据，以及数据库、共享服务系统等。

（2）统计数据集

包括分类、分级、分地区、分要素统计形成的各项调查、监测系列数据集、专题统计数据集，以及各类分析评价数据集等。

（3）报告

包括工作报告、统计报告、分析评价报告，以及专题报告、公报等。

（4）图件

包括图集、图册、专题图、挂图、统计图等。

2）成果管理

建立调查监测成果管理制度，制定成果汇交管理办法。各类调查监测成果经质量检验合格后，按要求统一汇交，并集成到自然资源调查监测数据库中，实现对自然资源调查监测信息统一管理。建立自然资源调查监测数据更新机制，定期维护和更新调查监测成果。

建立自然资源调查监测成果发布机制。在调查监测工作完成后，对涉及社会公众关注的成果数据或数据目录，履行相关的审核程序后，统一对外发布。未经审核通过的调查监测成果，一律不得向社会公布。

3）成果应用

建立调查监测成果共享和利用监督制度，制订成果数据共享应用办法，充分发挥调查成果数据对国土空间规划和自然资源管理工作的基础支撑作用。依托国土空间基础信息平台，建设调查监测成果数据共享服务系统，推动成果数据共享应用，提升服务效能。原则上，利用公共财政开展的自然资源调查监测工作，其形成的成果应无偿提供给相关部门共享使用，并遵守保密及相关法律法规要求。可共享使用的自然资源调查监测成果，在数据内容和时效性等方面满足需求的，原则上不再重复生产。

（1）部门应用

通过国土空间基础信息平台，共享自然资源调查监测数据信息，实现自然资源调查监测成果与国土空间规划、确权登记等业务系统实时互联、及时调用，支撑各项管理工作顺畅运行。编制并公布调查监测成果数据目录清单，借助国家、地方数据共享平台或与相关政府部门网络专线，通过接口服务、数据交换、主动推送等方式，将主要调查监测数据及时推送给国务院各有关部门、相关单位,以及地方自然资源主管部门,实现调查监测成果数据的共享应用。

(2)社会服务

按照政府信息公开的有关要求,依法按程序及时公开自然资源调查监测成果。推进自然资源调查监测成果数据在线服务,将经过脱密处理的成果向全社会开放,推动调查监测成果的广泛共享和社会化服务。鼓励科研机构、企事业单位利用调查监测成果开发研制多形式多品种数据产品,满足社会公众的广泛需求。

1.3 自然资源调查监测标准体系

为加快建立自然资源调查评价监测制度,认真履行自然资源统一调查职责,按照《自然资源调查监测体系构建总体方案》要求,制定《自然资源调查监测标准体系(试行)》(以下简称《标准体系》)(自然资源部,2021)。

《标准体系》充分考虑了土地、矿产、森林、草原、湿地、水、海洋等领域现有标准的基础,按照标准体系编制的原则和结构化思想,以统一自然资源调查监测标准为核心,按照自然资源调查监测体系构建的总体设计和自然资源调查监测工作流程构建。

《标准体系》包括通用、调查、监测、分析评价、成果及应用5大类、22小类。具体如图1-1所示。

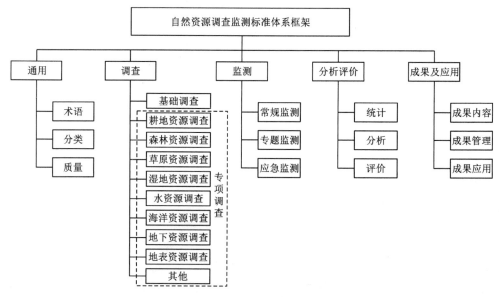

图1-1 自然资源调查监测标准体系框架

《标准体系》作为标准化工作的顶层设计,贯穿自然资源调查监测工作的全生命周期。本版涵盖了当前自然资源调查监测标准化工作主要内容,包括未来3年内急需制定的国家和行业标准、标准化需求方向,以及部分已发布或正在制定的国家和行业标准共计79项(系列)。

试行过程中,按自然资源标准化管理程序和要求,对《标准体系》已明确的标准,加快立项、研制、审查、报批等标准制修订进程;鼓励产学研用各领域积极参与,牵头重点领域和需求方向开展预研。已明确系列标准可进一步补充细化。随着自然资源管理需求和自然资源调查监测工作的不断开展,《标准体系》将持续动态更新和完善。

1.3.1 通用类标准

通用类标准,规定自然资源调查监测评价活动和成果所需的基础、通用标准,包含术语、分类、质量3个小类,如表1-1所示。其中,术语、分类是基础和核心;质量类标准是通用要求,贯穿整个自然资源调查监测活动过程的质量监管、日常质量监督、成果质量验收等。

表1-1 自然资源调查监测通用类标准

标准小类名称	标准小类编号	标准序号	标准名称	代号/计划号	制定/修订	类型
术语	101	101.1	自然资源术语(系列)		制定	国标
	101	101.2	土地基本术语	GB/T 19231—2003	修订	
			......			
分类	102	102.1	自然资源分类		制定	国标
	102	102.2	国土空间调查、规划和用途管制用地用海分类指南		制定	国标
	102	102.3	地表基质分类		制定	国标
	102	102.4	地表覆盖分类		制定	国标
	102	102.5	自然地理单元制定		制定	国标
	102	102.6	土地利用现状分类	GB/T 21010—2017		国标
	102	102.7	固体矿产资源储量分类	GB/T 17766—2020		国标
	102	102.8	油气矿产资源储量分类	GB/T 19492—2020		国标
	102	102.9	海域使用分类	HY/T 123—2009	修订	行标
			......			
质量	103	103.1	自然资源调查监测质量要求		制定	国标
	103	103.2	自然资源调查监测成果质量检查与验收(系列)		制定	国标
	103	103.3	地理国情监测成果质量检查与验收	20181653-T-466	制定	国标
	103	103.4	地理国情普查成果质量检查与验收	CH/T 1043—2018		行标
	103	103.5	自然资源调查监测技术设计要求		制定	行标
	103	103.6	国土调查县级数据库更新成果质量检查规则	202016003	制定	行标

1.3.2 调查类标准

调查类标准，规定自然资源调查的内容指标、技术要求、方法流程等，包含基础调查、耕地资源调查、森林资源调查、草原资源调查、湿地资源调查、水资源调查、海洋资源调查、地下资源调查、地表基质调查、其他共 10 个小类，如表 1-2 所示。

表 1-2　自然资源调查监测调查类标准

标准小类名称	标准小类编号	标准序号	标准名称	代号/计划号	制定/修订	类型
基础调查	204	204.1	自然资源基础调查规程		制定	国标
	204	204.2	第三次全国国土调查技术规程	TD/T 1055—2019		行标
	204	204.3	年度国土变更调查技术规程		制定	行标
	204	204.4	国土调查数据库标准	TD/T 1057—2020		行标
	204	204.5	第三次全国国土调查数据库建设技术规范	TD/T 1058—2020		行标
	204	204.6	国土调查数据库更新技术规范	202031013	制定	行标
	204	204.7	国土调查数据库更新数据规范	202031012	制定	行标
	204	204.8	国土调查数据缩编技术规范	202016004	制定	行标
	204	204.9	国土调查监测实地举证技术规范	202016005	制定	行标
	204	204.1	国土调查面积计算规范		制定	行标
			……			
耕地资源调查	205	205.1	耕地资源调查技术规程（系列）		制定	行标
			……			
森林资源调查	206	206.1	森林资源调查技术规程（系列）		制定	行标
			……			
草原资源调查	207	207.1	草原资源调查技术规程（系列）		制定	行标
			……			
湿地资源调查	208	208.1	全国湿地资源专项调查技术规范	202016002	制定	行标
			……			
水资源调查	209	209.1	水资源调查技术规程		制定	行标
	209	209.2	地下水统测技术规程		制定	行标
	209	209.3	……			
海洋资源调查	210	210.1	海洋自然资源调查技术总则		制定	国标
	210	210.2	海洋调查规范（部分）	GB/T 12763(6、9)	修订	国标
	210	210.3	海岛资源调查技术规程		制定	行标
	210	210.4	海岸线资源调查技术规程		制定	行标
			……			

续表1-2

标准小类名称	标准小类编号	标准序号	标准名称	代号/计划号	制定/修订	类型
地下资源调查	211	211.1	矿产资源国情调查技术规程		制定	行标
	211	211.2	地下空间资源调查技术规程		制定	行标
	211	211.3	矿产资源地质勘查规范		制定	行标
			……			
地表基质调查	212	212.1	地表基质调查技术规程（系列）		制定	国标
			……			
其他	213	213.1	城乡建设用地和城镇设施用地调查技术规程（系列）		制定	行标
	213	213.2	区域水土流失调查技术规程		制定	行标
	213	213.3	海平面变化影响调查技术规程（系列）		制定	行标
			……			

1.3.3　监测类标准

监测类标准，规定自然资源监测的技术要求和方法流程等，包含常规监测、专题监测、应急监测3个小类，如表1-3所示。

表1-3　自然资源调查监测监测类标准

标准小类名称	标准小类编号	标准序号	标准名称	代号/计划号	制定/修订	类型
常规监测	314	314.1	自然资源全覆盖动态遥感监测规范		制定	国标
	314	314.2	土地利用动态遥感监测技术规程	TD/T 1010—2015		行标
	314	314.3	自然资源要素综合观测技术规范		制定	行标
			……			
专题监测	315	315.1	基础性地理国情监测内容与指标	CH/T 9029—2019	制定	行标
	315	315.2	区域性综合监测技术规程		修订	行标
	315	315.3	海洋监测规范（系列）	GB/T 17378—2007	制定	国标
	315	315.4	生态状况监测技术规程（系列）		制定	国标
	315	315.5	矿产资源利用监测技术规程（系列）		制定	行标
	315	315.6	重点自然资源专题监测技术规范（系列）		制定	行标
	315	315.7	地下水监测工程技术规范	GB/T 51040—2014		国标
	315	315.8	矿区地下水监测规范	202012002	制定	行标

续表1-3

标准小类名称	标准小类编号	标准序号	标准名称	代号/计划号	制定/修订	类型
应急监测	316	316.1	自然资源应急监测要求		制定	行标
	316	316.2	自然资源快速反应监测要求		制定	行标
	316	316.3	自然资源灾害应急监测技术规范（系列）		制定	行标
			……			

1.3.4 分析评价类标准

分析评价类标准，规定自然资源调查与监测成果统计、分析、评价的方法和内容，包含统计、分析、评价3个小类，如表1-4所示。

表1-4 自然资源调查监测分析评价类标准

标准小类名称	标准小类编号	标准序号	标准名称	代号/计划号	制定/修订	类型
统计	417	417.1	地理国情监测基本统计技术规范	20170310-T-466	制定	国标
	417	417.2	自然资源专项调查统计技术规范（系列）		制定	行标
	417	417.3	自然资源调查监测综合统计规范		制定	行标
	417	417.4	地理国情普查基本统计技术规程	2015-03-CHT	制定	行标
			……			
分析	418	418.1	自然资源调查监测综合分析技术规范		制定	国标
	418	418.2	自然资源调查监测专题分析技术规范（系列）		制定	行标
			……			
评价	419	419.1	自然资源调查监测综合评价技术指南		制定	行标
	419	419.2	自然资源分等定级规程		制定	行标
	419	419.3	区域自然资源保护与开发利用评价规范（省级、市县、跨行政区、主体功能区）		制定	行标
	419	419.4	重点自然资源保护与开发利用评价规范（系列）		制定	行标
	419	419.5	生态状况评价技术规范（系列）		制定	行标
			……			

1.3.5 成果及应用类标准

成果及应用类标准,规定自然资源调查监测成果的管理要求、每类成果应达到的指标要求、成果应用要求等,包括成果内容、成果管理、成果应用 3 个小类,如表 1-5 所示。

表 1-5 自然资源调查监测成果及应用类标准

标准小类名称	标准小类编号	标准序号	标准名称	代号/计划号	制定/修订	类型
成果内容	520	520.1	地理国情普查成果图编制规范	CH/T 4023—2019		行标
	520	520.2	自然资源调查监测数据(成果)规范(系列)		制定	国标
	520	520.3	自然资源三维立体时空数据库规范		制定	行标
	520	520.4	自然资源调查监测统计分析评价报告内容与格式		制定	行标
	520	520.5	自然资源调查检查数据成果元数据		制定	行标
	520	520.6	国土调查坡度分级图制作技术规定	201916004	制定	行标
			……			
成果管理	521	521.1	自然资源调查监测成果管理规范		制定	行标
	521	521.2	自然资源调查监测成果目录规范	201916002	制定	行标
			……			
成果应用	522	522.1	自然资源调查监测数据服务内容与模式		制定	行标
	522	522.2	自然资源调查监测数据服务接口规范		制定	行标
			……			

第2章 矿产资源调查监测

扫码查看本章彩图

2.1 背景与目标

矿产资源是指由地质作用形成的，具有利用价值的，呈固态、液态、气态的自然资源。是人类社会存在与发展的重要物质基础，其丰富度及开发利用程度是社会发展水平的一个标志，是衡量一个国家经济发达和科学技术水平的重要尺度。矿产资源参照《矿产资源法实施细则》，分为能源矿产、金属矿产、非金属矿产、水气矿产（包括地热资源）等类型。《中共中央关于制定国民经济和社会发展第十四个五年规划和二○三五年远景目标的建议》提出要全面提升土地、矿产等自然资源利用效率，加大批而未供、闲置和低效用地盘活处置，加大废弃矿山生态修复治理。因此，为了更好地开发与了解矿产资源，矿产资源调查工作应运而生。

2.2 监测指标体系

矿产资源调查的主要任务可分为：矿产资源潜力评价、矿产资源状况、矿产资源开发利用水平和矿区生态状况监测。具体包括：查明成矿远景区地质背景和成矿条件，开展重要矿产资源潜力评价，为商业性矿产勘查提供靶区和地质资料；摸清全国地下各类矿产资源状况，包括陆地地表及以下各种矿产资源矿区、矿床、矿体、矿石主要特征数据和已查明资源储量信息等；掌握矿产资源储量利用现状和开发利用水平及变化情况，每年发布全国重要矿产资源调查结果；对矿区进行生态状况监测，监测水土流失、水量沙质、沙尘污染等生态状况，以及矿产资源开发及损毁情况、矿区生态环境状况等。

2.2.1 监测指标

为更好地实现矿产资源调查监测，依据中华人民共和国地质矿产行业标准，从矿产资源分布、矿产资源勘查开发利用现状等方面设计指标开展监测。矿产资源调查监测的主要监测指标包括矿区开发及环境、矿区典型地物等方面，其中，矿区开发及环境包括矿区生态环境、矿区开发程度、矿区地质环境、矿区交通条件、矿山复垦率、矿区土地利用情况等，矿区典型地物包括植被、水体、裸露地表、矿区建筑物、道路、堆浸场、沉淀池、高位池、露天型开采场地等，如表2-1所示。

表 2-1 矿产资源调查监测指标体系

类型	名称	指标说明
矿区开发及环境指标	矿区生态环境	监测矿区植被覆盖,植被的长势和分布状况,植被生态环境
	矿区开发程度	矿区开采范围、人类活动范围、矿点数量和分布情况,及开发废弃物堆放情况等
	矿区地质环境	矿山开发活动过程中由于人工或天然的剥蚀作用、搬运作用、弃土的堆积作用等塑造了新的地貌景观
	矿区交通条件	矿区机动车辆管理,维护矿区道路交通秩序,评估道路交通事故潜在风险,监测矿区正常的运输秩序
	矿山复垦率	复垦后可被利用的土地数量与被矿山占用和破坏的土地数量之比
	矿区土地利用情况	矿区内植被、水系、地下水埋深、土地利用、动植物品种与分布
矿区典型地物指标	植被	矿区及周边的所覆盖的植物群落
	水体	矿区及周边被水覆盖地段的自然综合体
	裸露地表	矿区及周边裸露的土壤或者不透水面
	矿区建筑物	在开采场地附近,为了帮助采矿工作的进行,在地表裸露的开采区必不可少地会有一些特有的建筑物,如机电设备维护厂、转运站、水塔、房屋等
	道路	矿区用于运输产物和人员的交通设施,包括广场、公共停车场等用于公众通行的场所
	堆浸场	开采中的矿区通常具有大面积裸露的开采区,其中包含大片开放空间作为堆浸场,主要用于浸出低品位的铀矿石、氧化铜矿石和金矿石
	沉淀池	沉淀池是在矿产开采过程中应用沉淀作用去除水中悬浮物的一种构筑物,净化水质的设备
	高位池	高位池就是在矿产区域建于高地的贮水构筑物,用来保持和调节给水管网中的水量和水压
	露天型开采场地	矿产开采过程中移走矿体上的覆盖物,从敞露地表的采矿场采出有用矿物的开采场地

1. 矿区及周边环境

1）矿区生态环境

矿区生态环境是指矿区植被覆盖、植被的长势和分布状况、植被生态环境。当植物受到重金属、酸、碱等胁迫时，植物的理化特性会发生变化，叶绿素含量降低，植被长势差。通常通过统计矿区附近的植物群落类型、组成、结构、分布、覆盖度（郁闭度）和高度等检测指标进行计算。

2）矿区地质环境

矿区地质环境是指矿山开发活动过程中由于人工或天然的剥蚀作用、搬运作用、弃土的堆积作用等塑造的新的地貌景观。人工活动与原生地质环境相互作用将会导致矿区地质环境也随之发生复杂的动态变化，而当这种变化一旦超出矿区地质环境容量，就会产生突发性地质灾害或者累积性土壤环境污染等问题。通常通过统计地下水环境背景、土壤环境背景、采空（岩溶）塌陷、不稳定边坡、地下水环境破坏、土壤环境破坏、地形地貌景观破坏、地下水环境恢复、土壤环境恢复、地形地貌景观恢复、地缝监测（地裂缝数量、最大地裂缝长度、宽度、深度，地裂缝走向、破坏程度）等指标进行计算。

3）矿山复垦率

矿山复垦率用来描述复垦后可被利用的土地数量与被矿山占用和破坏的土地数量。侵占和破坏土地类型、面积，破坏土地方式，破坏植被类型、面积，可复垦和已复垦土地面积。通常通过统计土地复垦面积、水土流失治理面积、地表裂缝处理面积等检测指标进行计算。

2. 矿区典型地物

1）水体

水体指标是矿区及周边被水覆盖地段的自然综合体，可用于计算土地荒漠化程度、地质环境、土地利用情况等指标。利用水体在近红外波段反射率非常低，而在绿波段反射率相对较高的特点，通常采用归一化水体指数（NDWI）指标方法获取，计算公式：

$$\gamma = (p_G - p_N)/(p_G + p_N) \tag{2-1}$$

其中，γ 为归一化水体指数，p_G，p_N 分别为影像的绿波段和近红外波段的灰度值。

2）植被

植被指标是矿区及周边所覆盖的植物群落，可用于计算矿区生态环境、土地利用情况、矿山复垦率等指标。植被的光谱反射曲线在红光波段具有强吸收以及近红外波段具有高反射高透射等特性，从而导致绿色植被在红光与近红外波段的反射差异较大。依据植被在可见光与近红外波段的反射特性，通常采用归一化植被指数（NDVI）指标方法获取，计算公式：

$$\gamma = (p_N - p_R)/(p_N + p_R) \tag{2-2}$$

其中，γ 为归一化植被指数，p_N，p_R 分别为影像的近红外波段和红波段的灰度值。

3）建筑物

建筑物指标是矿区及周边为了帮助采矿工作的进行，在地表裸露的开采区必不可少地会有一些特有的建筑物，如机电设备维护厂、转运站、水塔、房屋等。可用于计算土地利用情况、矿山复垦率等指标。可以通过目视解译进行获取，建筑物在遥感影像中呈现为蓝色屋顶的矿区建筑，具有明显的人为迹象。这些建筑物部分分布在沉淀池附近，部分沿路分布。按开采场地的规模大小进行密集分布，表现为非常规整的矩形结构，通常平行排列，少数会单独分布；也可以通过波段进行计算，建成区和裸土在 MIR（中红外）波段比在 NIR（近红外）波段反射更多一些，因此通常采用归一化建筑指数（NDBI）指标方法获取，计算公式：

$$\gamma = (p_{\mathrm{M}} - p_{\mathrm{N}}) / (p_{\mathrm{M}} + p_{\mathrm{N}}) \tag{2-3}$$

其中，γ 为归一化建筑指数，p_{M}，p_{N} 分别为影像的中红外波段和近红外波段的灰度值。

4）露天型开采场地

露天型开采场地是指在矿区长期的开采过程中导致了大面积的，与普通自然裸地明显不同的，具有明显人工挖掘痕迹的场地，地面暴露程度更加严重，更容易进行人工识别。目前的稀土原位浸出和堆浸法采矿方法基本上都是在原始稀土开采产生的裸露表面上进行的，可以进行人工目视解译获取。

2.2.2　关键指标矿区解译标志

以植被、水体、裸露地表、矿区建筑物、道路、堆浸场、沉淀池、高位池等关键指标为例，从遥感影像特征、地理相关分析标志、特征光谱曲线等方面建立指标目视解译标志。

1.植被

植被指标是矿区及周边所覆盖的植物群落。在 RGB 真彩色显示的遥感影像上颜色为绿色，通常呈片状分布；其光谱曲线图在蓝色和红色波段有两个叶绿素吸收谷，在绿色谱带附近有一个反射峰。植被指标遥感解译标志如图 2-1 所示。

 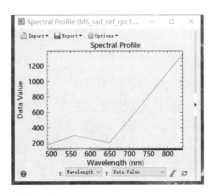

图 2-1　植被指标遥感解译标志

（扫本章二维码查看彩图）

2.水体

水体指标是矿区及周边被水覆盖地段的自然综合体。在 RGB 真彩色显示的遥感影像上颜色为绿色，通常呈不规则形状；其光谱曲线图反射主要在蓝绿光波段，其他波段吸收都很强。水体指标遥感解译标志如图 2-2 所示。

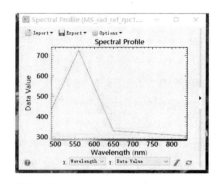

图2-2 水体指标遥感解译标志

（扫本章二维码查看彩图）

3. 裸露地

裸露地指标通常为裸露的土壤或者不透水面。在 RGB 真彩色显示的遥感影像上颜色为灰色或白色，纹理光滑；大部分都分布在沉淀池及矿区附近。其光谱曲线图呈现出随波长增加而增加的特征，较平滑。裸露地指标遥感解译标志如图2-3所示。

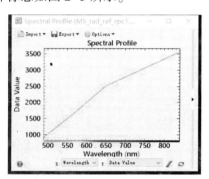

图2-3 裸露地指标遥感解译标志

（扫本章二维码查看彩图）

4. 建筑物

建筑物指标通常为矿区用于生产生活的居住房屋和生产工厂。在 RGB 真彩色显示的遥感影像上通常屋顶呈现蓝色的规则矩形，分布具有明显排列规律。其光谱曲线图呈现出随波长增加而增加的特征，较平滑，在红波段有一段平缓区域。建筑物指标遥感解译标志如图2-4所示。

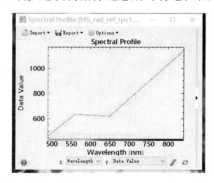

图2-4 建筑物指标遥感解译标志

（扫本章二维码查看彩图）

5.道路

道路指标通常为矿区用于运输产物和人员的交通设施，包括广场、公共停车场等用于公众通行的场所。在 RGB 真彩色显示的遥感影像上通常为白色的连续线形，狭长且具有一定宽度。其光谱曲线图呈现出随波长增加而增加的特征，较平滑，与裸露地表非常相似。道路指标遥感解译标志如图 2-5 所示。

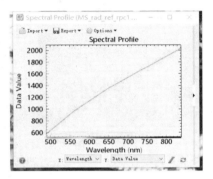

图 2-5　道路指标遥感解译标志

（扫本章二维码查看彩图）

6.沉淀池

沉淀池指标通常是堆浸工艺开采中的稀土矿堆浸场上的沉淀池。在 RGB 真彩色显示的遥感影像上沉淀池中充满了浸矿液体，显示为蓝黑色或白色的圆形或方形结构，其中蓝色是正在使用的装载浸矿液的沉淀池，白色是未使用的空沉淀池，这两种沉淀池的颜色都与背景裸露地面存在显著差异。原地浸矿工艺的采矿区域通常也存在沉淀池等标志性地物，它与天然水塘的形状差异明显，并且像堆浸沉淀池一样聚集分布，很难在遥感图像上直接进行目视解译。其光谱曲线图的反射主要在蓝绿光波段，其他波段吸收都很强，与水体的光谱曲线相似。沉淀池指标遥感解译标志如图 2-6 所示。

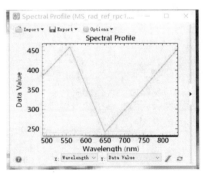

图 2-6　沉淀池指标遥感解译标志

（扫本章二维码查看彩图）

7.堆浸场

堆浸场指标通常是使用堆浸和池浸开采工艺的矿区中具有大面积裸露的开采区，其中包含大片开放空间作为堆浸场。在 RGB 真彩色显示的遥感影像上堆浸场通常分为许多规则排列的矩形网格，上面堆有稀土浸取剂，呈现为规则的土黄色"田"网格。由于浸矿液体的存在，这些堆浸场将显示特殊的颜色。堆浸场是通过堆浸工艺开采稀土矿石的识别标志。其光谱曲线图呈现出随波长增加而增加的特征，较平滑，与裸露地表的光谱特征相似。堆浸场指标遥感解译标志如图2-7所示。

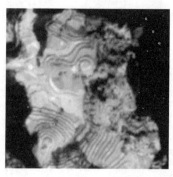 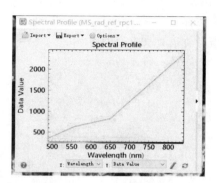

图 2-7　堆浸场指标遥感解译标志

（扫本章二维码查看彩图）

8. 高位池

高位池指标通常是使用堆浸和池浸开采工艺的矿区中具有大面积裸露的开采区，其中包含大片开放空间作为堆浸场。在RGB真彩色显示的遥感影像上位于海拔较高的山顶，通常为相对规则的矩形或圆形。对于原地浸矿，在矿区表面距沉淀池一定的空间距离内，将存在数量不等的高位池，因此可以将其用作判断原地浸矿的依据。其光谱曲线图的反射主要在蓝绿光波段，其他波段吸收都很强，与沉淀池的光谱特征相似。高位池指标遥感解译标志如图2-8所示。

 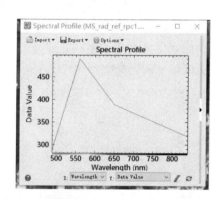

图 2-8　高位池指标遥感解译标志

（扫本章二维码查看彩图）

2.3　监测方法与技术流程

目前，利用遥感影像对矿区关键地物动态监测并进行矿区开发及环境指标计算已成为把控矿区可持续发展的有效监测评价方式。近年来深度学习在遥感高分辨率影像的矿区开采环境监测任务上得到飞速发展，目的在于快速识别提取矿区开采信息，协助矿产资源监管部门快速响应监管工作，进一步服务我国矿区健康有序开采。利用遥感影像进行矿产资源调查监测通常包括四个步骤：①数据收集与数据预处理；②数据优化；③监测指标处理；④分类后处理。基本流程如图 2-9 所示。

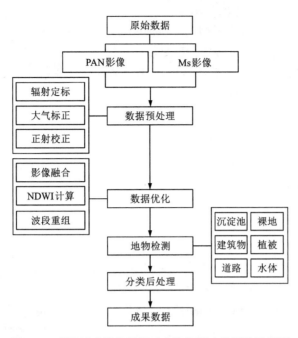

图 2-9　利用遥感影像进行矿产资源调查监测的流程图

2.3.1　数据收集与预处理

矿产资源调查监测需收集矿区高分遥感影像数据、多光谱遥感影像数据、全色遥感影像数据，如表 2-2 所示。

表 2-2　矿产资源调查监测数据及来源

类型	分辨率	重访周期	获取渠道
高分遥感影像	0.5 m	1 d	Pleiades-1A 高分一号 高分二号
多光谱遥感影像（R、G、B、NIR）	2 m	1 d	Pleiades-1A Modis
全色遥感影像	0.5 m	1 d	Pleiades-1A

数据预处理环节包含：对遥感影像进行影像配准、辐射定标、大气校正、正射校正、影像镶嵌、裁剪等数据预处理操作。

2.3.2　数据优化

1. 影像融合

遥感影像融合是一种通过影像处理技术来复合多源遥感影像的技术，其目的是将单一传感器的多波段信息或不同类传感器所提供的信息加以综合，消除多传感器信息之间可能存在的冗余和矛盾并加以互补，降低其不确定性，减少模糊度，以增强影像中信息的透明度，改善解译的精度、可靠性及使用率，以形成对目标的完整一致的信息描述。

本书使用 Brovery 变换法对分辨率全色影像和多光谱遥感影像进行影像融合。Brovery 变换法也称为彩色标准化变换融合，它是为 RGB 图像显示进行多光谱波段颜色归一化，将高分辨率的全色图像与各自相乘完成融合。具体公式如下：

$$Red = R/(R+B+G) \times I \tag{2-5}$$

$$Green = G/(R+B+G) \times I \tag{2-6}$$

$$Bule = B/(R+B+G) \times I \tag{2-7}$$

其中：R 为多光谱图像的红波段；G 为多光谱图像的绿波段；B 为多光谱图像的蓝波段；I 为全色图像的亮度。

2. NDWI 指数计算

矿区特有的沉淀池、高位池等标志地物在影像中表现为圆形或方形的水体，使用影像中相应波段进行指数计算用于突出水体特征。利用水体在近红外波段反射率非常低，而在绿波段相对较高的特点，采用归一化水体指数(NDWI)进行水体提取。

NDWI(normalized difference water index，归一化水指数)，用遥感影像的特定波段进行归一化差值处理，以凸显影像中的水体信息，Mcfeeters 在 1996 年提出的具体公式为：

$$\gamma = (p_G - p_N)/(p_G + p_N) \tag{2-8}$$

其中，γ 为归一化水体指数，p_G，p_N 分别为影像的绿波段和近红外波段的灰度值。

3. 波段重组

矿区开采特有的沉淀池在影像中表现为圆形或方形的水体，通过尝试不同的波段组合方式，发现采用红、绿波段与归一化水体指数(NDWI)组合的图像可以更好地突出沉淀池的水体特征(如下式)。

$$Image_{original} = [RGB] \tag{2-9}$$

$$Image_{reorganized} = [R\ G\ NDWI] \tag{2-10}$$

通过波段重组拉远相邻地物特征进一步优化数据，利用红、绿波段以及 NDWI 提取结果进行波段重组生成优化影像，提高对沉淀池这一标志性地物的敏感程度，从而提高地物的监测精度。

2.3.3　监测指标处理

为了更好地实现矿产资源调查监测，根据自然资源调查监测体系，我们首先建立矿产资源解译指标体系，如表 2-3 所示。

表 2-3　矿产资源解译指标体系

名称	指标说明
植被	矿区及周边的所覆盖的植物群落
水体	矿区及周边被水覆盖地段的自然综合体
裸露地表	矿区及周边裸露的土壤或者不透水面

续表2-3

名称	指标说明
矿区建筑物	在开采场地附近，为了帮助采矿工作的进行，在地表裸露的开采区必不可少地会有一些特有的建筑物，如机电设备维护厂、转运站、水塔、房屋等
道路	矿区用于运输产物和人员的交通设施，包括广场、公共停车场等用于公众通行的场所
堆浸场	开采中的矿区通常具有大面积裸露的开采区，其中包含大片开放空间作为堆浸场，主要用于浸出低品位的铀矿石、氧化铜矿石和金矿石
沉淀池	沉淀池是在矿产开采过程中应用沉淀作用去除水中悬浮物的一种构筑物，净化水质的设备
高位池	高位池就是在矿产区域建于高地的贮水构筑物，用来保持和调节给水管网中的水量和水压
露天型开采场地	矿产开采过程中移走矿体上的覆盖物，从敞露地表的采矿场采出有用矿物的开采场地

近年来，随着深度学习的研究和发展，大量基于人工神经网络的方法（如 CNN、DCNN 等）得以提出，并凭借其出色的提取浅层特征和复杂特征的能力，特别是遥感影像中的光谱和空间特征，在遥感影像解译领域取得了优异进展。在矿产资源监测任务中，以遥感为代表的空间信息技术得到飞速发展，尤其是高空间分辨率遥感，已形成无人机、航空飞机及卫星的多平台立体监测，其高分辨率影像能够清楚地表达地物目标的空间结构，为矿产资源的监测工作提供了优质的数据来源。

通过介绍一种矿区关键地物检测方法来简单介绍深度学习思想用于地物检测的流程。面向对象的地物检测方法的总体思路为利用面向对象的方法对遥感矿区影像进行多尺度分割，然后根据矿点地物特征，构建不同尺度下的地物分类规则，进行分类提取，提取出稀土开采中的独有地物沉淀池与高位池，从而识别出正在开采中的矿点范围等。该方法基本原理如图 2-10 所示，可以将本方法大致分为以下几个主要步骤：

预处理：首先对待识别的影像采用主成分分析方法获取第 1 主成分，然后采用边缘 3D 滤波方法进行边缘锐化处理，经过锐化后的新波段与原有波段一起参与影像分割，用于区分林地和无林地。

水体提取：根据水体的特有形状和区域指标，在提取出来的无林区域中划分水体。

分割：根据稀土矿点沉淀池和高位池为圆形或方形，形状较为规则、面积大小较为一致的特征，从小尺度分割的水体上去除掉山区阴影、河流和其他非规则形状及面积与沉淀池差异较大的水体，获得疑似矿点沉淀池和高位池。

结果处理：根据沉淀池位于稀土开采裸露地表之上，并且空间集聚分布，高位池在沉淀池一定范围之内的地物空间分布特征，构建沉淀池和高位池的空间语义关系，识别出沉淀池与高位池，从而获得正在开采的矿点位置分布及规模，实现对矿点开采状况的监测。

总体来说，本方法的主要监测手段为构建沉淀池与高位池的空间语义关系，间接对矿区的分布以及开采的规模作出估算，从而达到矿区监测的目的。

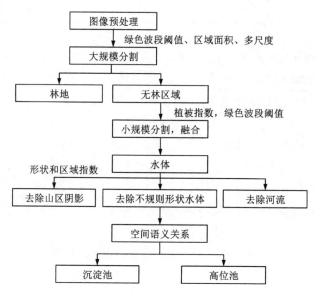

图 2-10　面向对象的矿区地物监测方法

2.3.4　分类后处理

对地物检测分类后的结果进行后处理操作，如膨胀、腐蚀、开运算、闭运算等。最后依据分类结果对矿区生产进程和生态环境进行监测和评估。

1. 膨胀

膨胀操作用于连接断裂处、填充问题的凹陷。A 和 B 是两个集合，A 被 B 膨胀定义为：

$$A \oplus B = \{z | (\hat{B})_z \cap A \neq \varnothing\} \tag{2-11}$$

上式表示：先对 B（结构元素）作关于原点的映象，然后将 B 的原点放置为图像原点位置，并用元素 z 进行平移，膨胀的结果是平移后与 A 的交集不为空的元素 z 的集合。

2. 腐蚀

腐蚀操作用于分离原本相连的物体、去除物体的毛刺或突出部分。A 和 B 是两个集合，A 被 B 腐蚀定义为：

$$A \odot B = \{z | (B)_z \subseteq A\} \tag{2-12}$$

上式表示：首先将 B 的原点放置为图像原点位置，并用元素 z 进行平移，腐蚀的结果是 B 移动后完全包含在 A 中时元素 z 的集合。

3. 开运算

开运算是先对图像（同一结构元素）进行腐蚀，然后膨胀其结果。开运算用于使轮廓平滑，抑制物体边界的小离散点或尖峰；用来消除小物体，在纤细处分离物体，平滑较大物体边界的同时并不明显改变其面积。

$$X \circ S = (X \ominus S) \oplus S \tag{2-13}$$

4. 闭运算

闭运算是先对图像（同一结构元素）进行膨胀，然后腐蚀其结果。闭运算用于填充物体内细小空洞，连接邻近物体，平滑其边界的同时并不显著改变其面积。

$$X \bullet S = (X \oplus S) \ominus S \qquad (2\text{--}14)$$

2.3.5 监测成果类型

针对矿产资源调查监测的矿区开发及环境指标，形成矿区生态状况图、矿区矿点分布图、矿区地质环境调查报告、矿区交通分布图、矿山复垦情况调查报告、矿区土地利用分类图。

矿区的矿点分布图如图 2-11 所示，用于反映矿区的矿点数量、分布情况、使用和丢弃情况，能综合展现矿区的开采状况和发展趋势等。

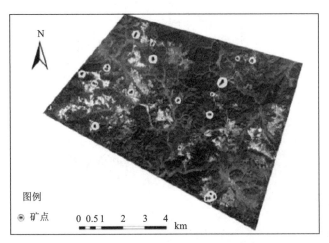

图 2-11　矿区矿点分布图
（扫本章二维码查看彩图）

矿区地形图如图 2-12 所示，用于反映矿区的地形，进行开采设备和地质环境的形变监测、地质环境评估、地质灾害预警等。

图 2-12　矿区地形图

矿区复垦过程和土地利用变化监测图如图 2-13 所示，用于反映矿区的复垦面积、程度等基本情况，预测和规划矿区复垦趋势等。

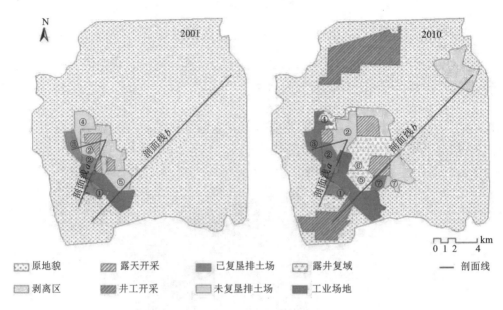

图例：
原地貌 　露天开采 　已复垦排土场 　露井复域 　——剖面线
剥离区 　井工开采 　未复垦排土场 　工业场地

图2-13　矿区复垦过程和土地利用变化监测图

（扫本章二维码查看彩图）

2.4 监测实例

针对矿区开采状况监测和矿区环境监测任务，以稀土矿产资源为例，收集赣州市岭北稀土矿区数据，开展矿产资源的矿区开采状况监测和矿区环境监测。

2.4.1 监测区概况

依据《中华人民共和国地质矿产行业标准》内矿产资源开发遥感监测技术规范部分的有关要求，选取赣州市岭北稀土矿区为监测区域，开展矿产资源的矿区开采状况监测和矿区环境监测。监测区域位于江西省定南县城北约 20 km 处，地跨月子、迳脑、龙头等乡镇（114°58′04″E～115°10′56″E，24°51′24N～25°02′56″N），总面积约 200 km²。

江西省定南县岭北矿区是我国南岭地区具有代表性的离子吸附型矿区之一，以稀土和钨为主的矿产资源分布广、品种多、储量大、质量优，尤其是稀土矿藏品种全、品位高，属中钇富铕型稀土。该稀土矿床具有开采工艺简单、矿点分散、矿区偏远等特点。岭北稀土矿区早期的稀土开采工艺主要为池浸与堆浸，之后随着相关技术的不断发展，逐渐演变为原地浸矿开采工艺。

2.4.2 数据获取

收集的数据包括法国 Pleiades 高分辨率影像传感器在赣州市岭北稀土矿区获取的高分辨率全色影像和多光谱影像，获取时间为 2013 年 10 月 31 日，卫星获取过境时天气晴朗没有云雾遮挡等情况，受大气影响较小，图像质量较高。数据分辨率、来源等详细信息见表2-4，空间分布示例见图2-14。

表 2-4　矿产资源监测数据及来源

名称	单位	分辨率	时相	来源
多光谱遥感影像（R、G、B、NIR）	1 幅	2 m	2013 年 10 月 31 日	Pleiades-1A
全色遥感影像	1 幅	0.5 m	2013 年 10 月 31 日	Pleiades-1A

(a) 多光谱遥感影像　　　　　　　　　(b) 全色遥感影像

图 2-14　矿产资源地物分布监测数据示例

2.4.3　数据处理

1. 辐射定标

使用 ENVI 软件进行数据处理工作，首先打开原始影像数据。选择 Open as > Pleiades，打开文件夹中的 DIM_*.XML 文件，自动读取影像数据并进行波段排序后显示在当前窗口，如图 2-15 所示。通过 Pleiades 传感器类型打开的数据能够自动识别元数据信息，包括中心波长、RPC、成像时间、辐射定标参数等，从而为后续正射校正、辐射定标等预处理工作提供了必要的信息。

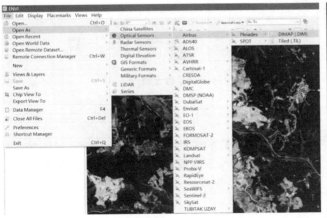 

图 2-15　ENVI 软件打开 Pleiades 数据

接下来进行辐射定标处理，在 ENV1 工具箱中查找工具并选择：/Radiometric Correction/ Radiometric Calibration。

选择要校正的多光谱影像数据进行辐射定标，如图 2-16 所示。

图 2-16　选择需要辐射定标的影像

定标参数设置：

FLAASH 大气校正对于 radiance 数据的要求是：BIL 存储格式，单位转换"Scale Factor"的设置单击 Apply FLAASH Settings 得到相应的参数。具体的参数设置见图 2-17。选择输出文件路径，点击 OK 开始辐射定标，其间显示进度条，如图 2-17 所示。

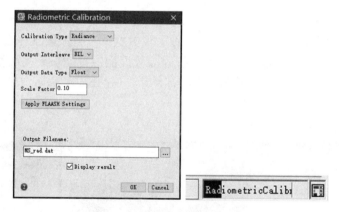

图 2-17　辐射定标的参数设置

查看定标结果：

定标完成后显示定标结果，可以通过查看影像的 DN 值，检查辐射定标是否顺利完成，查询结果见图 2-18；此时的 Data Value 值均为个位数，说明辐射定标完成。

图 2-18 查看辐射定标后的影像 DN 值

2. 大气校正

接下来是使用 ENV1 工具箱查找并进行大气校正操作：/Radiometric Correction/ Atmospheric Correction Module/FLAASH Atmospheric Correction，弹出 FLAASH Atmospheric Correction Model Input Parameters 对话框，根据影像数据相应信息进行大气校正的参数设置。

Input Radiance Image：在弹出的 FLAASH Input File 对话框中，选择上一步辐射定标好的影像数据；接着弹出 Radiance Scale Factors 面板，选择 Use single scale factor for all bands，使用默认参数即可，单击 OK，见图 2-19。

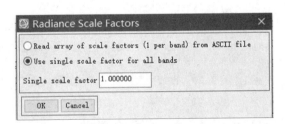

图 2-19 选择大气校正的辐射比例因子

Output Reflectance File：设置输出路径及文件名(XXX. dat)。

Output Directory for FLAASH Files：设置其他文件输出路径，或者输出到临时文件夹中。

传感器基本信息设置：

(1)Scene Center Location：中心点经纬度，原始影像自动从元文件中获取坐标信息。

(2)Sensor Type：传感器类型，选择 Pleiades-1A。

(3)Sensor Altitude(km)：传感器高度，自动获取。

(4)Ground Elevation(km)：地面高程，自动获取。

(5)Pixel Size(m)：像素大小，自动获取。

(6)Fight Date：成像日期，自动获取。

(7)Flight Time GMT(HH：MM：SS)：成像时间，自动获取。

如果基本信息没有自动获取，可自行前往相应文件夹并打开查看元文件，手动填入信息即可。

大气模型和气溶胶模型：

（1）Atmospheric Model & Aerosol Model：根据经纬度和影像区域选择（如不清楚，可单击 Help 查看帮助文档）。

（2）Aerosol Retrieval：气溶胶反演方法，默认选择 2-Band（K-T）。但是由于本次影像中缺少短波红外，此处选择 None。

（3）Initial Visibility（km）：能见度，根据实际情况设置，默认 40km。

（4）其余参数默认，见图 2-20。

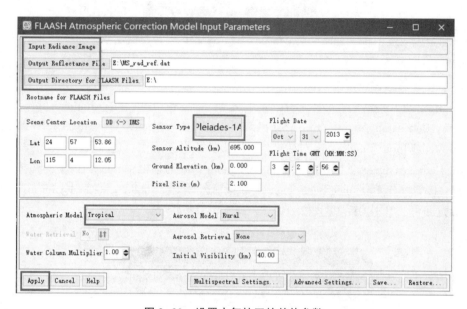

图 2-20　设置大气校正的其他参数

参数设置完毕后点击 OK 开始执行大气校正，见图 2-21。

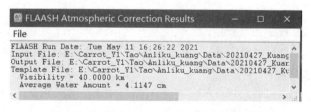

图 2-21　进行大气校正完成后显示信息

显示 FLAASH 大气校正结果：选择 Display > Profiles > Spectral 或单击工具栏上图标，获取大气校正前后两幅影像的同一个像素点的波谱曲线，此处我们选择植被，查看其光谱曲线情况，如图 2-22、图 2-23 所示。

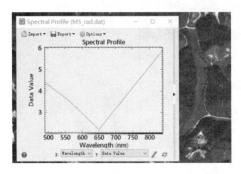
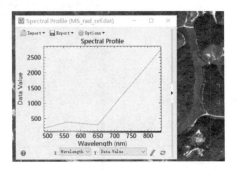

图 2-22　大气校正前的植被光谱曲线
（扫本章二维码查看彩图）

图 2-23　大气校正后的植被光谱曲线
（扫本章二维码查看彩图）

3. 正射校正\RPC 配准

接下来使用 ENVI 工具箱分别对两幅影像进行正射校正操作，也称为 RPC 配准，首先进行多光谱（MS）影像的正射校正：

打开 ENVI 工具箱，直接查找并双击 Toolbox/Geometric Correction/Orthorectification/RPC Orthorectification Workflow。

选择多光谱图像文件和 DEM 文件，此处 DEM 文件自动填入，如图 2-24 所示。

图 2-24　选择进行正射校正的影像及对应的 DEM 文件

正射校正参数设置，包括控制点选择、输出像元大小、重采样方法、输出路径等，如图 2-25 所示。

（1）控制点：无。

（2）Pixel size：2。

（3）Image resample：Cubic Convolution。

（4）Grid Spacing：1（避免降低空间分辨率）。

图 2-25　设置正射校正的参数

单击 Finish，执行正射校正并等待，如图 2-26 所示。

图 2-26　多光谱影像执行正射校正的过程

全色(PAN)影像的正射校正使用相同的方法，如图 2-27 所示。

图 2-27　全色影像执行正射校正的过程

2.4.4 数据优化

1.影像融合

为了进一步利用遥感影像丰富纹理信息与光谱信息以提高分类精度，我们需要对全色影像与多光谱影像进行融合，从而获取同时具备较高空间分辨率与较高光谱分辨率的优化影像。在这一过程中，我们选择具有信息融入度好和光谱保真度较高特点的 Gram-Schmit Pan 算法，该算法能够有效解决遥感影像中"同物异谱"的问题，并极大地保留影像细致的纹理信息。使用 ENVI 软件实现影像融合的步骤如下。

打开 ENVI 软件，点击 File > Open，同时打开 MS 影像文件和 PAN 影像文件。

在 Toolbox 中，选择并双击 / Image Sharpening /Gram-Schmit Pan Sharpening，在文件选择框中，首先选择 MS 文件作为低分辨率影像（low spatial），然后选择 PAN 文件作为高分辨率影像（high spatial），单击 OK。打开 Pan Sharpening Parameters 面板，如图 2-28 所示。

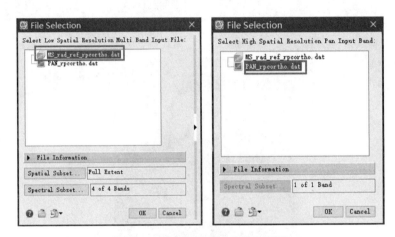

图 2-28 选择影像融合的两幅影像

在 Pan Sharpening Parameters 面板中，选择传感器类型（Sensor）：Pleiades-1A，重采样方法（Resampling）：Cubic Convolution，输出格式为：ENVI，如图 2-29 所示。

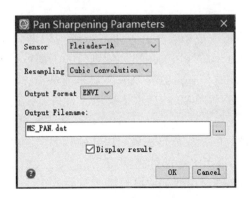

图 2-29 设置影像融合的参数

选择输出路径及文件名,单击 OK 执行融合处理。

注意:进度条显示在右下角。 PansharpGSS

查看影像融合的结果,见图 2-30。融合后的影像同时拥有多光谱影像所具备的较高光谱分辨率与全色影像的较高空间分辨率,结合二者特点有利于为后续分类过程提供更加丰富的特征。

 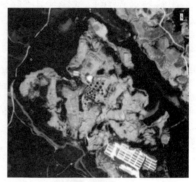

(a) 全色影像　　　　　　　　　　　　(b) 多光谱影像

(c) 融合影像

图 2-30　全色影像、多光谱影像和二者融合的影像

2. NDWI 计算

沉淀池作为稀土矿区标志性地物之一,其通常呈现为内部含有浸矿液的圆形或方形容器,且周围分布有裸露稀土开采后残留的尾砂和规则排布的矿区建筑。为提高沉淀池这一特有地物的识别精度,我们利用水体在近红外波段反射率非常低,而在绿波段反射率相对较高的特点,采用归一化水体指数(NDWI)进行水体提取。此外,我们通过波段重组拉远相邻地物特征进一步优化数据,利用红、绿波段以及 NDWI 提取结果进行波段重组生成优化影像,提高对沉淀池这一标志性地物的敏感程度,从而提高地物的监测精度。

首先,使用 ENVI 软件实现 NDWI 的计算:

在 ENVI 软件界面右侧工具箱中找到波段计算工具并双击:Band Algebra/Band Math;

在弹出对话框界面输入 NDWI 的计算公式,输入后,点击 Add to list 添加公式并选中输入的公式，见图 2-31，ENVI 中计算公式：（float（b4）-float（b3））/（float（b4）+float（b3））；

此处要注意数据类型，本次采用的数据类型是字节型，所以要进行数据类型转换，将其中一个变量转换为浮点型即可。

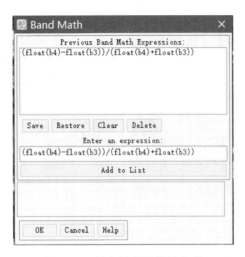

图 2-31 输入波段计算的公式

点击 OK，在弹出的对话框界面选择对应的波段并设置结果输出路径，见图 2-32。

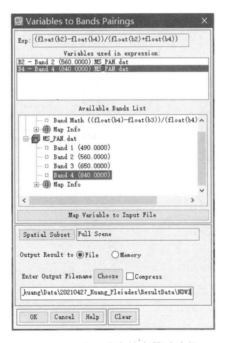

图 2-32 为公式中的变量赋波段

点击 OK，软件会按照输入和设置的内容自动进行计算。

结果图像会自动显示,如图 2-33 所示。可以观察到,NDWI 能够抑制植被信息,突出水体信息。沉淀池中由于含有大量浸矿液体,NDWI 的计算显示出较高的数值,在影像中显示较亮。但是对于建筑物和阴影的区分还受到影响,需要进一步优化处理。

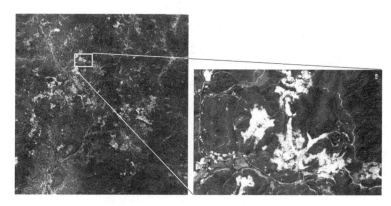

图 2-33 计算 NDWI 后的影像

3. 波段重组

使用 ENVI 软件,对多光谱影像的红绿波段,与计算得到的 NDWI 数据进行波段重组,以实现影像分类特征的进一步优化。

打开 ENVI,查找并双击 Basic Tools > Layer Stacking,这时就打开了波段合成窗口。

点击 Import File,选择多光谱影像和计算得到的 NDWI 影像。

在左侧找到多光谱影像,选择其中的红绿波段,完成选择,如图 2-34 所示。

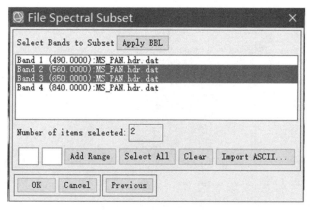

图 2-34 选择多光谱影像的 RG 波段

再找到 NDWI 影像(单波段),选择 NDWI 波段,完成选择,如图 2-35 所示。

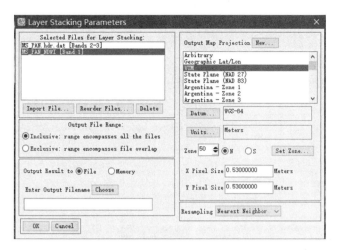

图 2-35　选择 NDWI 影像的 NDWI 波段

点击 Reorder Files 依据波段对图片进行排序，点击 OK。

选择合适位置和文件名保存，点击左下角 OK，等待软件进行操作，如图 2-36 所示。

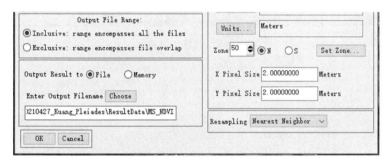

图 2-36　设置波段组合的其他参数

输出波段重组的影像并查看。从图中可以观察到，通过将 RG 波段和 NDWI 波段进行重组，能够更加明显地将沉淀池的光谱特征凸显出来，如图 2-37 所示。

图 2-37　波段组合后的影像显示

2.4.5 地物检测

面向矿区开采状况监测和矿区环境监测任务，在野外实地调查基础上，结合卫星遥感影像上地物的可区分性，对矿区遥感影像中各种地物特征进行分析、总结等，建立目标地物的影像解译特征，并将研究区土地利用/覆盖划分为植被、水体、裸地、建筑物、道路和沉淀池（包括高位池）六类，建立如表 2-3 所示的解译指标体系。

打开 ENVI 软件，在主图像窗口中，选择 Overlay > Region of Interest，打开 ROI Tool 对话框。

创建植被、水体、裸地、建筑物、道路和沉淀池（包括高位池）六类地物，并手动勾画少量样本，如图 2-38 所示。

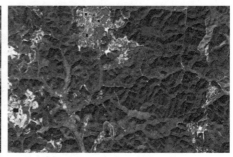

图 2-38 选择地物样本

查找并双击主菜单 > Classification > Supervised > Support Vector Machine，选择待分类的图像（RG-NDWI 重组影像）。

在 SVM 参数设置面板中，参数意义如下：

（1）Kernel Type 下拉列表里选项有 Linear、Polynomial、Radial Basis Function，以及 Sigmoid；如果选择 Polynomial，设置一个核心多项式（Degree of Kernel Polynomial）的次数用于 SVM，最小值是 1，最大值是 6；如果选择 Polynomial or Sigmoid，使用向量机规则需要为 Kernel 指定 the Bias，默认值是 1；如果选择是 Polynomial、Radial Basis Function、Sigmoid，需要设置 Gamma in Kernel Function 参数，默认值是输入图像波段数的倒数。

（2）Penalty Parameter：这个参数用于控制样本错误与分类刚性延伸之间的平衡，是一个大于零的浮点型数据，默认值为 100。

（3）Pyramid Levels：用于 SVM 训练和分类处理过程中分级处理的等级，该参数为 0 时将以原始分辨率处理；最大值随着图像的大小而改变。

（4）Pyramid Reclassification Threshold：当 Pyramid Levels 值大于 0 时需要设置这个重分类阈值。

（5）Classification Probability Threshold：为分类设置概率阈值，如果一个像素计算得到的所有规则概率小于该值，该像素将不被分类，该参数范围是 0~1，默认是 0。

选择分类结果的输出路径及文件名。

设置 Out Rule Images 为 Yes，选择规则图像输出路径及文件名。

单击 OK 按钮执行分类。

显示分类结果，如图 2-39、图 2-40 所示。

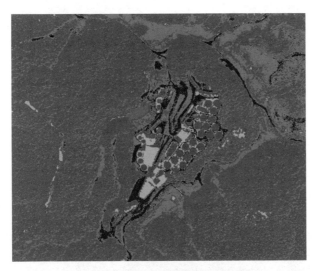

图 2-39 监督分类的结果图(局部)

图 2-40 监督分类的结果图(整体)

2.4.6 分类后处理

观察到分类结果还存在大量细碎小斑块，容易对后续实验结果分析造成影响，所以还需要进行分类后处理，如进行去小块、膨胀、腐蚀、开运算、闭运算等操作。去除细碎斑块，将细小而相邻的斑块(如图中处于植被中的细小沉淀池类别)去除或者聚合，帮助提高实验结果的美观性和可读性，有利于后续监测结果分析。

使用 ENVI 软件，打开分类后的图像。

工具箱中查找并双击/Classification/Post Classification/Classification Aggregation，打开小斑块处理工具，如图 2-41 所示。

图 2-41　选择需要后处理的分类影像

　　输入分类结果，设置最小窗口，该选项可选，值越大，得到的结果越平滑，小斑块聚合得越紧密，勾选 Preview 选项可以对所设置的参数进行结果预览，结果如图 2-42 所示。

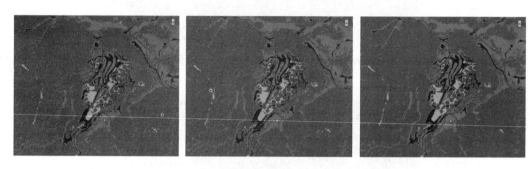

图 2-42　不同窗口大小下的处理结果

　　输入保存路径，点击 OK，查看结果，如图 2-43 所示。

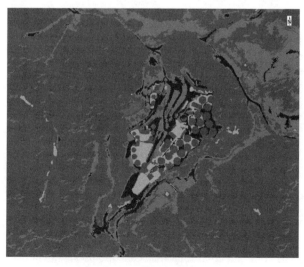

图 2-43　最终处理后的结果图（局部）

2.4.7　结果分析

利用 2013 年赣州市岭北稀土矿区的地物检测结果(图 2-44)，并参照当时矿区生产工艺情况和当地政策，对该矿区的矿点基本分布情况、矿区土地利用状况、矿区开采状况、矿区生态环境等方面进行详细分析，厘清矿区生产技术与矿区环境之间的关系，着重分析矿区开采的生产力状况和矿区的生态环境状况。为矿产的可持续性开发利用与矿区绿色发展理念的落实建立经济、可靠、稳定的监测体系，进一步为综合整治矿区环境提供一定技术支持与决策依据。

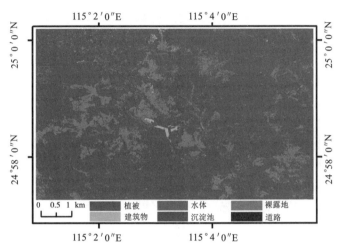

图 2-44　2013 年赣州市岭北稀土矿区地物检测结果图
(扫本章二维码查看彩图)

1. 矿区开采与生产力分析

通过提取稀土矿开采矿区的标志性地物，比如沉淀池、高位池，可以识别赣州市岭北稀土矿区的开采状态和发展情况，同时，通过监测矿区周边的附加设施，比如建筑物和道路，可以判断当前矿区的生产生活质量。在本次实验区域，我们选取沉淀池、建筑区域、道路作为典型地物进行矿区开采与生产力分析，表 2-5 所示是这三种典型地物在矿区中的面积占比。此外，由于本次仅获取单时相的矿区地物检测结果，无法进行矿区生产力的变化检测分析。

表 2-5　岭北稀土矿点的开采典型地物面积占比

地物类别	建筑物	道路	沉淀池
面积占比/%	85.98	2.05	9.54

(1)矿区开采典型地物分析。

沉淀池：整个矿区共检测到约 363 个正在使用的沉淀池，约 25 个不同规模的集中矿点。影像中所识别到的沉淀池符合其真实空间分布特征，能够非常完整地分割出方形和圆形的沉淀池形状，准确性较高，形状完整平滑。但仍存在少量沉淀池附近的高位池被误分的情况，这是由于高位池内同样含有与沉淀池内成分十分相似的液体,而勾选沉淀池样本时没有将高位池隔离出来,导致二者分类混淆,但是这种情况对于矿区的定位和开采类型等的判断影响较小。此外,还存在沉淀池与水体混淆的情况,即植被中存在少量水体零星被分为沉淀池。这是水体指数(NDWI)的局限性所导致,NDWI对森林中的阴影同样敏感,直接导致重组影像中水体和阴影的分类面混淆,但这种混淆可以使用去小块或根据人为判断进行后处理。

建筑区域:建筑区域识别情况较好,形状完整。相邻较近的建筑物可能存在边界不完整、重叠等情况,可以根据建筑物轮廓大部分为规则矩形进行优化。同时对森林区内部所存在的误分情况可以通过添加拓扑限制进行去除。建筑物大多分布在矿区周围或者居民区,建筑物面积占比达到85.98%,说明矿区的开发程度较好。

道路:矿区周围的道路识别情况一般,形状正确,边界平滑;这是因为矿区的道路大部分为泥土道路,无法与裸露地区分开。林区附近的道路识别情况不够理想,存在形状不连续的问题。稀土开采区的道路一般道宽较窄,从植被边界延伸至正在开采的矿区。但是由于矿区大部分位于林区,道路旁边植被茂密,很容易造成部分地段遮挡现象。

(2)矿区开采与生产力分析。

由于矿区过大,植被面积占比过多,具体分析以矿点 A 为例(图 2-45)。矿区分布着较宽而连续的道路,说明该运输条件能够实现稀土产品的批量生产和销售。而矿区内部的建筑物大多分布在沉淀池附近,覆盖面积较广,说明该矿区工作人员的生产生活活动区域面积较广,能够为矿区生产提供充足的劳动力。这是因为岭北稀土矿区在 2009 年的生产开始供不应求,沉淀池和稀土尾砂面积进一步扩大,开采规模也进一步扩大。

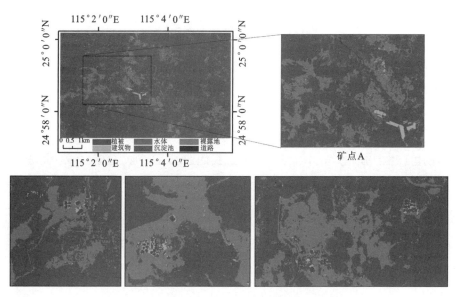

图 2-45 2013 年赣州市岭北稀土矿点 A 地物分布图
(扫本章二维码查看彩图)

以矿点 B 为例(图 2-46),沉淀池和高位池是稀土矿开采区域的标志性地物,堆浸工艺开采中的稀土矿堆浸场通常存在大量的沉淀池,原地浸矿工艺的采矿区域除了存在沉淀池,还会在其附近分布高位池、注液井等标志性地物。通过提取并统计矿区中现存的高位池、沉淀池、注液井的数量和规模，发现该区域存在数十个沉淀池，能够识别当前矿区的主要开采工艺为堆浸工艺。此外，通过准确识别对应矿点的沉淀池，能够判断是否在进行稀土开采，高位池可以作为一个辅助判断开采类型的依据。此外，该矿区大部分沉淀池中均充满了浸矿液体，说明该矿区的这些沉淀池属于工作状态且对应矿区处于开采状态。

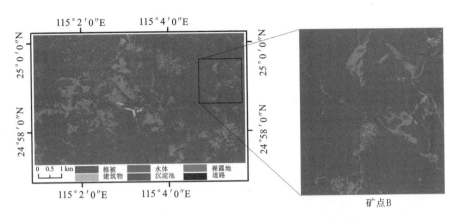

图 2-46　2013 年赣州市岭北稀土矿点 B 地物分布图
（扫本章二维码查看彩图）

2. 矿区生态与荒漠化分析

通过提取稀土矿开采矿区周围的植被、水体和裸露地等地物，可以判断赣州市岭北稀土矿区周边的开采状况和生态环境质量。同时，根据裸露地的分布位置和面积占比，判断当前矿区的土地荒漠化情况，从而进一步推测稀土开采规模、开采模式及环境治理措施对矿区地表荒漠化的影响。在本次实验区域的矿区生态与荒漠化分析中，我们选取植被、水体、裸露地作为典型地物进行分析，表 2-6 所示是三种典型地物在整个矿区中的面积占比。此外，由于本次仅获取单时相的矿区地物检测结果，无法进行矿区荒漠化的变化检测分析。

（1）矿区生态典型地物分析。

植被：借助影像提供的近红外波段信息参与构建植被指数进行林地提取，能够实现大范围的林地识别，且识别形状完整。此外，少量矿区内部低矮植被也能完整识别，其结果图斑破碎程度较低。该矿区的植被面积占比高达 86.28%，整体生态环境保护情况尚可。

水体：水体提取结果一般，但由于沉淀池与水体的液体特征相似，容易造成混淆。水体形状一般不规则，河流形状细长弯曲，可以通过后续的形状规则进行约束再分离两种地物。水体面积整体占比达到了 0.23%，且水体大多流经居民区和矿区，可能存在水源污染的情况，需要进一步对水体重金属含量进行定量监测等。

裸露地：裸露地表识别精度能达到检测要求，边界平滑。大部分裸露地分布在正在开采的矿区附近，或者沿道路两侧扩张，说明裸露地的产生大多归于人为因素。从图上看裸露地表面积占比高达 13.25%，荒漠化情况较为严重，需要多时相遥感影像进行变化监测。林区内部也存在少量零星裸露地，属于正常林区情况。

表 2-6　岭北稀土矿区的生态典型地物的整体面积占比

地物类别	植被	水体	裸露地
面积占比/%	86.28	0.23	13.25

（2）矿区生态与荒漠化分析。

以矿点 C 为例（图 2-47），该监测区域中开采痕迹明显，已有少量的沉淀池并产生了大量的稀土尾砂。池浸/堆浸开采方式导致矿点及周边区域出现大量裸露地表，且以矿点采场为中心，集中大范围片式分布，产生了严重的荒漠化问题。这种裸露地和植被退化情况大部分集中在稀土矿点裸露地表及周边区域，并向矿点周边扩散。这是在浸矿工艺的生产过程中，浸矿液体不可避免地泄漏，造成了矿点周边植被和土地一定程度退化，因此改进稀土开采工艺，合理评估各种工艺对环境的长期影响显得尤为重要。

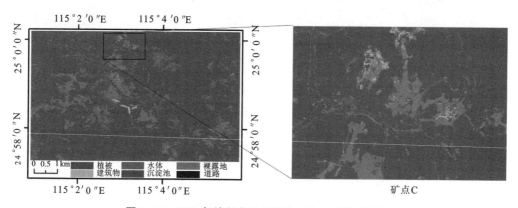

图 2-47　2013 年赣州市岭北稀土矿点 C 地物分布图
（扫本章二维码查看彩图）

2010 年，定南县出台了《定南县矿产开发利用和生态环境治理工作方案》，并开展了各种矿山生态环境保护建设工作，随着绿色开采理念、土地复垦与修复工程的实施，相信矿区土地整治与景观生态格局将会有所好转。

2.5　本章小节

矿产资源调查监测是指开展矿产资源潜力评价、矿产资源状况、矿产资源开发利用水平和矿区生态状况监测等工作。本章从矿产资源监测主要任务出发，系统阐述了在遥感技术下，矿产资源调查任务的具体内容和相关指标，介绍了矿区中典型地物的解译标志。在此基础上，以赣州市定南县岭北稀土矿区为例，开展了矿区开发和环境监测、典型地物监测工作等，进一步为综合整治矿区环境提供一定技术支持与决策依据。

第 3 章　水资源调查监测

扫码查看本章彩图

3.1　背景与目标

党的十八大以来，习近平总书记一直强调生态环境保护要"算大账、算长远账、算整体账、算综合账"，多次提出"绿水青山就是金山银山"。做好水资源调查监测，是生态环境保护的重要内容。水资源是指可资利用或有可能被利用的水源，该水源应具有足够的数量和合适的质量，并满足某一地方在一段时间内具体利用的需求。水资源也可指地球上具有一定数量和可用质量能从自然界获得补充并可资利用的水。开展全国水资源调查评价监测，一是要将河湖库塘水面、冰川及常年积雪面积及变化纳入调查监测范畴，掌握全国、流域及地方各级行政区域水资源数量、质量、空间分布、开发利用、生态状况及动态变化；二是要建成国家水资源调查数据库和信息共享服务平台，并在已有国家地下水监测平台基础上，加强水资源及其开发利用信息共享，建成国家水资源调查全口径数据库；三是要实施重点地区水资源调查评价重大专题，构建生产、生活和生态系统相互协调的水平衡分析方法，科学评价水资源的关键性支撑和制约作用；四是要加强技术标准体系建设和科技创新成果转化，探索建立冰川及常年积雪、冻土、土壤水、水量蒸发等区域水循环要素调查监测技术方法。水资源调查监测目标包括：查清地表水资源量、地下水资源量、水资源总量、水资源质量、河流年平均径流量、湖泊水库的蓄水动态、地下水位动态等现状及变化情况，以及重点地区黑臭水体监测。从而每年发布全国水资源调查结果数据。

3.2　监测指标体系

水资源调查监测是在基础调查和专项调查形成的水资源本底数据基础上，掌握水资源自身变化及人类活动引起的变化情况的一项工作，实现"早发现、早制止、严打击"的监管目标。具体包括：查清水资源总量、水资源质量、河流年平均径流量、湖泊水库的蓄水动态、水质污染等现状及变化情况。

水资源评价体系主要包括水资源总量评价和水资源质量评价。

3.2.1　水量监测

水资源总量是评价区域内当地降水形成的地表和地下产水量，可用地表径流量与降水入渗补给量之和计算。也可用同源于降水的地表、地下水量之和，扣除两者之间重复量的方法计算，或者用地表水资源量与地下水资源量中的不重复量之和计算。应根据不同评价类型区的水量转化关系，地表水、地下水评价依据的资料条件及其计算成果精度，选择恰当的评价区水资源总量计算方法。

现行水资源评价指标体系主要有:

(1)地表水资源量。用"河川径流量 R"标征,并用"实测+还原"的方法计算。

(2)地下水资源量。地下水资源量 Q 又分山丘区 $Q_{山丘}$ 和平原区 $Q_{平原}$ 地下水资源量。

山丘区以河川基流量 R_g、山前泉水溢出量 $Q_{山前泉水}$、山前侧向排泄量 $Q_{山侧排}$、地下水实际开采净消耗量 $Q_{山开采净}$ 和潜水蒸发量 $Q_{山潜水蒸发}$ 表征。采用总排泄量代替总补给量的方法计算,即:$Q_{山丘}=R_g+Q_{山前泉水}+Q_{山侧排}+Q_{山开采净}+Q_{山潜水蒸发}$。

平原区采用补给量法计算,并以水均衡法分析评价计算工作精度,即从水均衡计算单元算起,分区计算补给量、排泄量、蓄变量,三者的相对均衡差应达到小于等于20%的精度要求。

上述整套指标体系适合我国地域辽阔、地貌地形复杂的实际情况,易操作,特别是地下水评价各表征指标计算涉及的有关参数,因各地野外观测资料累积的增多而不断得到校正、完善,在历年水资源公报编制和重要水资源评价实践中得到检验和广泛应用。地表水、地下水各成系统的评价结果也基本符合各地实际情况。

3.2.2 水质监测

水资源质量的主要监测指标包括水质检测、溶解氧检测、农药残留检测、pH 检测、全盐量检测、浮游生物检测、氟化物检测、微生物检测、硝酸盐检测、硬度检测、硫化物检测、有机质检测、亚硝酸盐检测、总大肠菌群、水温检测、可溶性二氧化硅检测、重金属检测、总氰化物检测等。

水质监测以黑臭水体监测为例,黑臭水体调查监测的主要监测指标包括透明度、溶解氧、氧化还原电位、氨氮等指标,如表3-1所示。

表3-1 黑臭水体监测指标体系

名称	指标说明
透明度/cm	萨氏盘(黑白相间隔的盘)放入水体后,以测试者能够分辨出黑白相间时的最大深度,通常用厘米来表示
溶解氧/(mg·L^{-1})	溶解在水中的氧称为溶解氧,溶解氧以分子状态存在于水中。水中溶解氧量是水质重要指标之一,也是水体净化的重要因素之一
氧化还原电位/mV	氧化还原电位(ORP 值)是水质中一个重要指标,它虽然不能独立反映水质的好坏,但是能够综合其他水质指标来反映水族系统中的生态环境
氨氮/(mg·L^{-1})	氨氮是指水中以游离氨(NH_3)和铵离子(NH_4^+)形式存在的氮

1. 透明度

水体透明度是水体肥瘦的一种表现。水体中一般混有各种浮游生物和悬浮物,这些物质都会造成水体的浑浊。

水体透明度的测定方法主要有萨氏盘法,萨氏盘(黑白相间隔的盘)放入水体后,以测试者能够分辨出黑白相间时的最大深度，通常用厘米来表示。它间接表示光透入水的深浅程度。

2. 溶解氧

溶解在水中的空气中的分子态氧称为溶解氧，水中的溶解氧含量与空气中氧的分压、水的温度都有密切关系。在自然情况下，空气中的含氧量变动不大，故水温是主要因素，水温愈低，水中溶解氧的含量愈高。溶解于水中的分子态氧称为溶解氧，通常记作DO，用每升水里氧气的毫克数表示。水中溶解氧的多少是衡量水体自净能力的一个指标。

溶解氧的测定方法主要有碘量法，即在水样中加入硫酸锰和碱性碘化钾，水中溶解氧将低价锰氧化成高价锰，生成四价锰的氢氧化物棕色沉淀。加入酸后，氢氧化物沉淀溶解，并与碘离子反应而释放出游离碘。以淀粉为指示剂，用硫代硫酸钠标准溶液滴定释放出的碘，据滴定溶液消耗量计算溶解氧含量。

3. 氧化还原电位

氧化还原电位用来反映水溶液中所有物质表现出来的宏观氧化还原性。氧化还原电位越高，氧化性越强，氧化还原电位越低，还原性越强。电位为正表示溶液显示出一定的氧化性，为负则表示溶液显示出一定的还原性。

氧化还原电位的测定方法主要有铂电极直接测定法，以铂电极作指示电极，饱和甘汞电极作参比电极，与水样组成原电池。用电子毫伏计或通用pH计测定铂电极相对于饱和甘汞电极的氧化还原电位，然后再换算成相对于标准氢电极的氧化还原电位，作为报告结果。公式为：

$$\Psi_n = \Psi_{ind} + \Psi_{ref}$$

式中：Ψ_n——被测水样的氧化还原电位，mV；

Ψ_{ind}——实测水样的氧化还原电位，mV；

Ψ_{ref}——测定温度下饱和甘汞电极的电极电位，mV，可从物理化学手册中查到。

4. 氨氮

以游离氨（NH_3）和铵离子（NH_4^+）形式存在的化合氮叫作氨氮。氨氮是水体中的营养素，可导致水产生富营养化现象，是水体中的主要耗氧污染物，对鱼类及某些水生生物有毒害。

氨氮的测定方法主要有蒸馏-中和滴定法，具体方法为：调节水样的pH为6.0~7.4，加入轻质氧化镁使水样呈微碱性，蒸馏释出的氨用硼酸溶液吸收，以甲基红-亚甲蓝为指示剂，用盐酸标准溶液滴定馏出液中的氨氮。

3.3　监测方法与技术流程

3.3.1　水量监测方法与技术

20世纪80年代初和21世纪初，全国范围的两次水资源调查评价提出的两种水资源总量计算思路和方法，均基于径流性水资源的两种表现形式"地表水"与"地下水"单独进行分离评价。其中地表水以河川径流表示，地下水以总补给量（或总排泄量）表示。区分两者之间转化关系形成的"重复量"或"不重复量"，分别建立了基于重复量和不重复量的两种区域水资源总量计算方法。

1. 基于重复量的区域水资源总量计算

同源于当地降水的地表水、地下水相互转化，河川径流中含部分地下水的排泄量，平原区地下水总补给量中含河道入渗等地表水体入渗补给量，分析两者之间的相互转化关系，确定并扣除相互转化而产生的重复量 D，得到客观的区域水资源总量 W，即：$W=R+Q-D$

2. 基于不重复量的区域水资源总量计算

由于区域地表水与地下水相互转化关系的复杂性带来的重复量计算的难以确定性，人们自然从矛盾的另一面"不重复量"出发考虑水资源总量的计算。即采用地表径流量与降水入渗补给量之和计算，其一般表达式为：$W=R_s+P_r=R+P_r-R_g$；式中：W 为水资源总量；R_s 为地表径流量（即河川径流量与河川基流量之差值）；P_r 为降水入渗补给量（山丘区用地下水总排泄量代替）；R 为河川径流量（即地表水资源量）；R_g 为河川基流量（平原区为降水入渗补给量形成的河道排泄量）。

3.3.2 水质监测方法与技术

水资源质量的监测为本章重点，下面将详细介绍。对于水资源质量的监测方法大致有三种，第一，地面监测，其优势是测量直接、实时、精度高，但不少地区监测网络稀疏，且站点观测仅能代表局部信息，耗时耗力。第二，遥感监测，其具有大范围覆盖、较高时间分辨率、可提供近实时的全球信息等特点，在无站点地区是唯一信息来源。第三，模型模拟（或再分析），可提供高时间分辨率且时空连续的水资源要素数据，但其空间分辨率往往较低，不确定性也可能较大。三种监测方法的优缺点对比详见表3-2，相应的监测数据来源见表3-3。

表3-2 水资源质量三种监测方法的优缺点

监测方式	优势	局限
地面监测	测量直接、实时、精度高；可检测、校正卫星数据和模型模拟数据	代表点或局部信息；仪器布设耗时耗力、维护成本高
遥感监测	数据覆盖范围大、可提供近实时全球水循环信息；可补充无站点监测区域信息	监测精度依赖于传感器性能和反演算法；受限于卫星任务期限；可见光、近红外、热红外等波段易受云雨天气影响
模型模拟	可提供实时、空间连续的完整信息；补充站点和遥感缺测数据	空间分辨率较低；地区依赖性和不确定性较大

表3-3 监测数据来源

方法	数据来源
地面监测	国家气象科学数据中心、国家地下水监测网络、中国陆地生态系统通量观测网
遥感监测	星载、机载和地面传感器
模型模拟	数据同化技术，在模型模拟的动态运行过程中融合多种观测数据

1. 地面监测

地面监测数据是公认的较为准确的数据源,常常作为遥感反演和模型模拟结果的检验数据。目前较完善的地面监测网逐渐形成,如国家气象科学数据中心可提供不同区域不同时间尺度的气温、气压、相对湿度、降水和土壤湿度等地面观测数据;国家地下水监测网络可实时对不同区县地下水水位、水温监测数据进行自动采集、传输和接收;中国陆地生态系统通量观测网可对不同下垫面 79 个观测站的水热通量的日、季节、年际变化进行长期观测等。虽然地面监测网不断加密,但仍有一些自然环境复杂的地区(如青藏高原等)地面监测站点难以加密。同时,地面监测数据仍存在一定的人为观测误差和仪器测量误差等。

2. 遥感监测

遥感监测根据平台的不同,可分为星载、机载和地面传感器监测。根据不同的任务和监测对象的特点,遥感技术可以采用不同的电磁波段和传感器进行监测,如采用可见光、近红外、热红外波段探测地物分类、地表蒸散,利用穿透性较强的微波波段信息可获取表层土壤水分。更重要的是,遥感对地观测能够在短时间内获得大范围的监测信息,揭示监测要素的空间分布特征。此外,由于星载遥感具有周期性和机载遥感灵活机动的特点,因此能够实现水循环要素时间变化信息的监测。与地面站点监测手段最大的不同在于:遥感在实现大范围监测的同时,还能保证数据具有较高的时空分辨率。自然条件恶劣的地区难以铺设高密度地面监测站网,且建在高寒地区的监测仪器维护困难,监测成本高。采用不受地面条件限制的遥感监测技术,使信息的获取获得了极大便利。但遥感监测的精度往往依赖于传感器性能、反演算法、研究区和监测对象特征等因素。因此,遥感监测往往需要通过其他监测手段(如地面监测)进行算法的参数确定和反演结果验证。

3. 模型模拟

随着现代水文学的不断深入发展,人们对水循环过程和各要素之间的相互作用机理的认识不断提高,很多陆面/水文模型模拟结果能够较好地反映各要素的时空变化规律。例如,通过数据同化技术,在模型模拟的动态运行过程中融合多种观测数据后,可生成具有时空连续性和物理一致性的数据集,极大地丰富了监测要素的可用数据源。全球对地观测系统(global earth observation system of systems,GEOSS)提倡共同建立和共享"观测技术—驱动模型—数据同化—监测预测"的研究框架。数据同化作为联系模型和观测数据的桥梁在其中发挥着重大作用,一系列大型的数据同化系统不断被研发,并获得广泛应用,典型代表包括全球陆地数据同化系统(GLDAS)、北美陆地数据同化系统(NLDAS)和中国气象局陆面数据同化系统(CLDAS)。受限于同化算法的合理性和多种数据的准确性及其空间分辨率,在某些条件下模型模拟数据空间分辨率和精度较低,难以满足实际水资源监测的需求。通过融合更为丰富的多源信息以获取分辨率和精度更高的气象场和下垫面特征,可在一定程度上改善模拟数据的空间分辨率和精度,尤其在提高模拟数据的空间异质性和信息丰富度方面具有重要价值。

在水资源质量指标的监测中,地面监测数据主要包括地表温度、土壤水分、蒸散发、降水、径流等;遥感监测数据主要包括基于可见光、近红外和热红外反演的植被指数、水体指数、作物类型和地表温度等信息,如 Landsat 系列、Terra/AquaMODIS、风云二/四号卫星、高分卫星和环境卫星等,以及主被动微波所获取的降水和土壤表面水分信息,如 TRMM、GPM、

ASCAT、AMSR-E、AMSR2、SMOS、SMAP 等。模型模拟数据包括 CLDAS、GLDAS、NLDAS、ERA5 的降水等气象场、土壤温度、土壤湿度等输出数据。地面、遥感和模型等多源数据及其监测指标属性见表 3-4。

表 3-4　监测指标

数据类型	数据源			监测要素
	卫星	传感器	波段	
遥感	Landsat7/8	ETM+/TIRS	可见光、近红外、热红外	植被指数、反照率、地表温度、土壤水分
	Terra/Aqua	MODIS	可见光、近红外、热红外	植被指数、反照率、地表温度、土壤水分
	FY-2/FY-4	VISSR/AGRE	热红外	地表温度、土壤水分
	高分卫星	PMS/WFV/SAR	可见光、近红外、微波	植被指数、土壤水分、水体面积
	HJ-1 A/B	CCD	可见光、近红外	植被指数、水色
	AMSR2/SMOS/SMAP/TMI/ERS	辐射计	L/C 波段	亮度温度、土壤水分
模型	CLDAS、NLDAS、GLDAS、ERA5			地表温度、降水、土壤水分等
地面观测	热红外辐射计、蒸发皿、水位计等			地表温度、土壤水分、降水、径流等

3.3.3　监测成果类型

水资源监测成果类型丰富，形式多样。水量监测可形成如水资源量统计表、水资源供给恢复力空间分布图、水资源利用强度数据表等形式的监测成果；水质监测可形成水质剖面数据表，叶绿素浓度、悬浮物浓度、透明度等不同指标水质评估图，藻类暴发风险图等。

（1）水资源量统计表（表 3-5）。

表 3-5　XX 地区水资源量统计表

年份	降水	地表水资源量	地下水资源量	地下与地表水资源不重复量	水资源总量
XX 年					
……					
XX 年					
平均					

（2）水资源供给恢复力空间分布图（图3-1）。

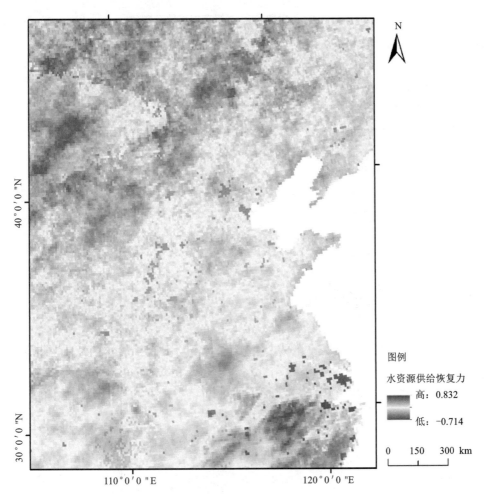

图 3-1　水资源供给恢复力空间分布图

（扫本章二维码查看彩图）

（3）水资源利用强度数据表（表3-6）。

表 3-6　水资源利用强度数据表

地区	总用水量 /亿 m³	人均用水量 /(m³·人⁻¹)	农业用水 比例/%	工业用水 比例/%	生活用水 比例/%	自产水资源 开发利用率/%
XX 地区						
……						
XX 地区						
合计/平均						

（4）水质剖面数据表（表3-7）。

表 3-7　XX 湖/河水质垂直剖面数据表

采样时间	水样编号	电导率	pH	……	水温
XX					
……					
XX					

（5）叶绿素 a 浓度空间分布图（图3-2）。

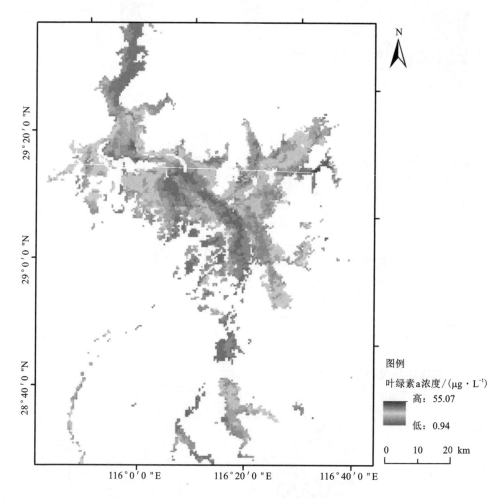

图 3-2　叶绿素 a 浓度空间分布图
（扫本章二维码查看彩图）

3.4　监测实例

针对水资源质量检测的重点——黑臭水体污染监测，本章对洞庭湖区域的水体透明度进行反演，收集 landsat 8 遥感数据及野外采集化验数据，开展洞庭湖区域水体浓度反演监测，进而监测洞庭湖区域黑臭水体情况。

3.4.1　监测区概况

洞庭湖位于长江中游荆江河段南岸，湖北省南部、湖南省北部，在北纬 28°44′~29°35′，东经 111°53′~113°05′范围内。湖体近似英文字母“U”形，从地图上看酷似一把用餐的勺子，镶嵌在两湖平原上。洞庭湖的过境水量由长江分流入湖口的松滋河、虎渡河、藕池河、华容河四口和湘、资、沅、澧四水及湖区周边区间来水组合而成。洞庭湖自古为五湖之首，是中国最大的外流淡水湖，在岳阳水位（黄海基面）为 33.50 m 时，湖泊容积为 167 亿 m²，湖体水域面积为 2691 km²，洪道面积为 1300 km²，总计 3991 km²。

3.4.2　数据获取

收集的数据包括 Landsat 8 oli 数据，获取时间为 2017 年 5 月，数据分辨率、来源等详细信息见表 3-8。

表 3-8　监测数据及来源

名称	单位	分辨率	时间	来源
多光谱遥感影像 （R、G、B、NIR、SWIR1、SWIR2）	1 幅	30 m	2017 年 5 月 18 日	Landsat 8 oli
全色遥感影像	1 幅	15 m	2017 年 5 月 18 日	Landsat 8 oli

将数据存储在根目录下的/IMNR/Water/Data（IMNR, Investigation and monitoring of natural resources，Water 表示水资源，其他资源类型采用相应英文替换，Data 是数据文件夹，中间结果文件夹可采用 Interm，中间进一步分类文件夹可用相应英文代替，结果文件夹采用 Result 命名）。

3.4.3　数据处理

1. 水体提取

在 ENVI 软件中加载洞庭湖区域影像，计算指数值：在菜单栏中依次选择 Basic Tools > Band Math，在 enter an expression 中输入表达式(float(b2)-float(b7))/(b2+b7)，如图 3-3 所示。单击 OK，选择波段，b2 表示蓝波段，b7 表示短波红外，接下来选择导出位置，单击 OK，得到水体指数影像，如图 3-4 所示。

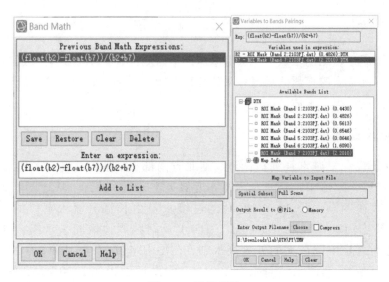

图 3-3　计算指数

图 3-4　水体指数影像

　　点击 Region Of Interest > Band Threshold to ROI，选择之前输出的水体指数影像 TM，设置合适的阈值，如图 3-5 所示，单击 OK 得到水体的 ROI-Thresh(TM)，如图 3-6 所示。

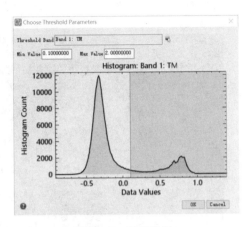

图 3-5 阈值选择

图 3-6 阈值范围图层

选择 Region Of Interest > Subset Data from ROIs，如图 3-7 所示，在 Select Input File to Subset via ROI 面板中选择洞庭湖影像图，点击下一步，在 Spatial Subset ROI Parameters 面板中选择水体的 ROI-Thresh(TM)，Mask pixels outside of ROI 选择 Yes，选择导出位置，单击 OK，得到洞庭湖区域水体，如图 3-8 所示。

图 3-7 基于阈值范围提取

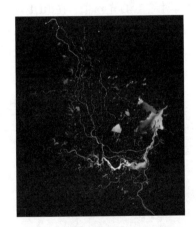

图 3-8 洞庭湖区域水体分布

2. 光谱值提取

(1)获取图像上的像素值：在 ENVI 软件中打开洞庭湖区域遥感影像，在 display 中显示洞庭湖 RGB 影像，选择 overlay > Region Of Interest 打开 ROI Tool；在 ROI Tool 中，选择 ROI_ Type > Input Points from ASCII，选择文本格式的实地调查数据反演点.txt。注意参数选择：

x：选择经度，y：选择纬度；

These point comprise：Individual Points；

投影坐标(Select Map Based Projection)：Geographic Lat/Lon。

注意：投影坐标与实测数据中坐标值的投影参数保持一致，如图 3-9 所示。

设置好投影参数后，单击 OK 将实地调查的点位置信息加载到图像中，如图 3-10 所示。

图 3-9　输入实地调查点文件

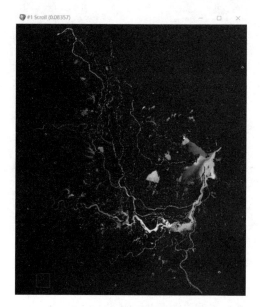

图 3-10　叠加显示调查点

（2）输出对应点的光谱值：在 ROI Tool 中，选择 File > Output ROIs to ASCII。选择洞庭湖区域数据；在 Output ROIs to ASCII Parameters 面板中，选择 ROI 点，如图 3-11 所示；单击 Edit Output ASCII Form，在输出内容设置面板中，选择 ID、经纬度（Geo Location）和波段像元值（Band Values），如图 3-12 所示。

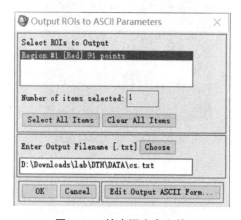

图 3-11　输出调查点文件

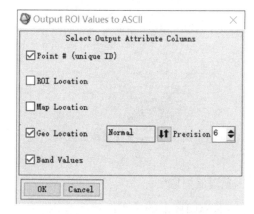

图 3-12　输出点文件参数设置

最终得到水面调查点和对应的光谱值，将其导入 Excel 表中，与实测值一一对应，如图 3-13、图 3-14 所示。

```
ENVI Output of ROIs (5.3.1) [Wed Jul 29 13:10:22 2020]
Number of ROIs: 1
File Dimension: 6886 x 7862

ROI name: Region #1
ROI rgb value: {255, 0, 0}
ROI npts: 91
ID    Lat        Lon       B1   B2   B3   B4   B5   B6   B7
 1  29.491247  112.807793 1109 1068 1412 1356 623 254 390
 2  29.486774  112.818233 1074 1023 1374 1325 516 223 369
 3  29.482547  112.790623 1071 1020 1372 1262 514 250 379
 4  29.478499  112.829531 1042  994 1316 1251 433 252 390
 5  29.467722  112.845423  592  475  591  425 260 150 108
 6  29.454143  112.868064  663  577  789  593 303 153 108
 7  29.441607  112.893193  671  615  851  641 337 162 119
```

Band 1	Band 2	Band 3	Band 4	Band 5	Band 6	Band 7
1019	1028	1475	1323	375	178	132
1000	990	1433	1347	362	134	102
1001	1002	1461	1391	385	149	112
1029	1037	1470	1321	395	205	157
1063	1065	1508	1433	405	130	98
1028	1039	1496	1302	365	188	146
960	970	1416	1209	308	143	108
980	976	1427	1335	359	146	112
1023	1022	1484	1366	387	186	143
919	913	1312	1128	345	192	148

图 3-13 光谱数据   图 3-14 光谱数据导入 Excel 表中

3. 光谱值处理

(1) 相关性分析: 在 SPSS 软件中, 打开 Excel 格式的实测点光谱数据和透明度值, 在工具栏处点击"分析"—"相关"—"双变量", 进行变量的选择。在"相关系数"框中选择"Pearson", 因为这里的两个变量为连续性变量, 因此选择 Pearson 相关性分析, 如图 3-15 所示; 选择好变量后, 如果需要对变量进行一定的描述, 可点击"选项"选择均值和标准差, 分别对数据的大小和离散程度作出一定的描述, 最后点击确定, 如图 3-16 所示。

图 3-15 相关性分析变量选择

图 3-16 统计参数选择

分别对 7 个波段与透明度值进行相关性分析, 得到的结果如表 3-9:

表 3-9 波段与透明度值相关性分析结果

	波段 1	波段 2	波段 3	波段 4	波段 5	波段 6	波段 7
皮尔逊相关性	-0.613 * *	-0.648 * *	-0.684 * *	-0.363 *	-0.23 *	-0.158	-0.182
个案数	88	88	88	88	88	88	88

* * 在 0.01 级别, 显著性相关; * 在 0.05 级别, 显著性相关

表 3-9 中皮尔逊相关性为相关系数, 系数的绝对值越大, 代表相关程度越高, 显著性(双

尾)的值<0.05有显著性意义。根据表中结果，波段 1~4 与透明度值相关性显著，因此选择波段 1~4 进行建模分析

（2）数据归一化：对多光谱遥感反射率数据进行归一化处理后，有助于消除大气、太阳高度角等因素的影响，提高反演精度。在 SPSS 软件工具栏点击"转换"，在出现的对话框的左上角"目标变量"输入一个新变量的符号，右上角"数字表达式"文本框输入公式"（最大-X)/（最大-最小)"，把要归一化的光谱数据放入公式里的"X"处，如图 3-17 所示。

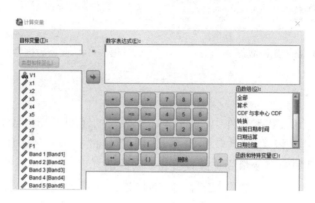

图 3-17　数据归一化计算

分别对 7 个波段进行归一化计算，将得到的值导入 Excel 表格中，如表 3-10 所示。

表 3-10　归一化计算值

	$X1$	$X2$	$X3$	$X4$	$X5$	$X6$	$X7$
$X1$	0.53	0.42	0.32	0.53	0.87	0.87	0.78
$X2$	0.55	0.45	0.35	0.52	0.88	0.84	0.84
$X3$	0.55	0.44	0.33	0.5	0.82	0.8	0.82
$X4$	0.52	0.42	0.32	0.53	0.85	0.86	0.73
$X5$	0.49	0.39	0.3	0.48	0.91	0.92	0.85
$X6$	0.52	0.41	0.31	0.57	0.8	0.87	0.75
$X7$	0.58	0.47	0.36	0.52	0.81	0.82	0.76

4. 模型建立

（1）测试集与训练集：共 88 个样本，因采集的水样包括洞庭湖地区的湖泊、河流，故随机抽取一些样本作为测试集（选择编号为 5 的倍数作为测试集），剩下的作为训练集。

（2）数据拟合：在 MATLAB 软件下，导入归一化的训练集光谱数据和透明度值，在工具栏中点击"APP"中的"Curve Fitting"，"X data"选择归一化后的光谱数据，"Y data"选择透明度值，右边选择"Polynomial"，"Degree"选择 2，分别将四个波段与透明度值进行最小二乘拟合，如图 3-18 所示。

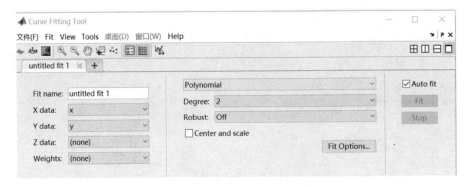

图 3-18　曲线拟合工具

拟合结果如图 3-19 所示。

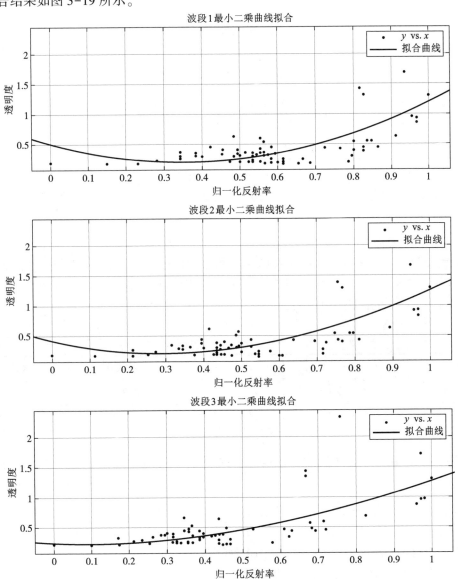

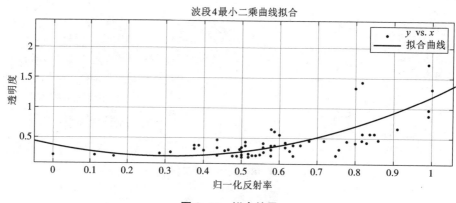

图 3-19 拟合结果

得到的拟合方程、R^2 和 RMSE 如表 3-11 所示：

表 3-11 拟合方程、R^2 和 RMSE

	波段 1	波段 2	波段 3	波段 4
拟合方程	$f(x)=2.399x^2-1.684x+0.495$	$f(x)=2.121x^2-1.237x+0.405$	$f(x)=1.237x^2-0.1485x+0.1935$	$f(x)=1.997x^2-1.16x+0.3435$
R^2	0.5088	0.5232	0.4888	0.5016
RMSE	0.2717	0.2676	0.2771	0.2736

波段 2 的 R^2 最高并且 RMSE 最低。

(3)模型验证：在 MATLAB 中导入归一化的测试集光谱数据和透明度值，将测试样本的光谱数据分别代入上述模型进行计算，对预测透明度值与实地测得的透明度值进行 R^2 和 RMSE 的计算，得到的结果见表 3-12。

表 3-12 R^2 和 RMSE 结果

	波段 1	波段 2	波段 3	波段 4
R^2	0.5460	0.6445	0.7233	0.6370
RMSE	0.1869	0.1654	0.1459	0.1672

波段 3 的 R^2 和 RMSE 最低，因此选择波段 2、波段 3 进行洞庭湖透明度值的反演。

5. 水质反演

(1)透明度值反演：在 ENVI 中打开洞庭湖区域遥感影像，点击 Basic tool > Band math，输入归一化计算公式"(最大-X)/(最大-最小)"，"X"代表波段像元值，点击 OK 进行归一化处理，图 3-20；再次点击 Band math 输入之前得到的波段 2、波段 3 的拟合方程，选择归一化后的光谱值作为自变量，得到的透明度值为因变量，如图 3-21 所示，输出结果图为 Tiff 格式。

图 3-20 归一化波段计算

图 3-21 拟合方程波段计算

（2）制图：在 MATLAB 中打开波段 2、波段 3 反演透明度的结果图，在 figure 图窗中点击插入颜色栏，得到透明度从 0~1 m 的颜色渐变图，如图 3-22 所示。

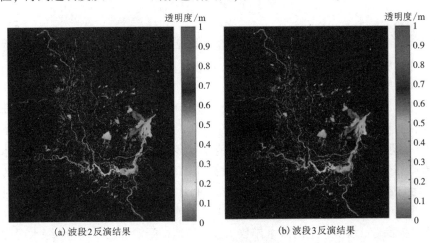

(a) 波段 2 反演结果　　　　　　　　　　　(b) 波段 3 反演结果

图 3-22 透明度反演结果显示

（扫本章二维码查看彩图）

3.4.4 结果分析

依据黑臭水体的定量判断标准（表 3-13），提取透明度较低的区域（即图 3-22 中红黄色区域）作为可能的黑臭污染区，最终提取结果如图 3-23 所示。

表 3-13 黑臭水体的定量判断标准

特征指标	轻度黑臭	重度黑臭
透明度/cm	10~25	<10
溶解氧浓度/$(mg \cdot L^{-1})$	0.2~2.0	<0.2
氧化还原电位/mV	−200~50	<−200
氨氮浓度/$(mg \cdot L^{-1})$	8~15	>15

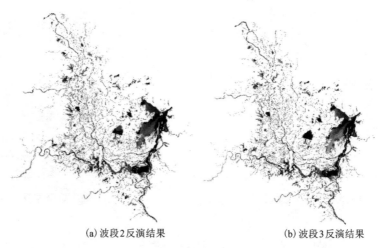

(a) 波段 2 反演结果　　　　　　　(b) 波段 3 反演结果

图 3-23　潜在黑臭污染区分布

(扫本章二维码查看彩图)

　　将实验得到的透明度反演图以 .jpg 文件格式进行整合输出，采用更高分辨率的卫星影像对实验结果进行验证。再进行外业核查，外业核查目的是检验实验得到的可能受污染区域是否真的被污染，是否存在黑臭现象，以及污染区域周围的环境条件。

　　如图 3-22 所示透明度低于 10 cm 的地区主要集中于洞庭湖流域西南部和中部，这也意味着该地存在黑臭水体污染的可能性较大，在整个洞庭湖流域可能污染的流域面积占比为11.87%。洞庭湖西南方向工厂用地、居民用地比较多，工业废水与生活污水通过水土迁移渗入洞庭湖流域部分地区，这也解释了污染在此聚集的原因。洞庭湖中部地区农业与渔业较发达，农业排污与养殖污水会导致水中有机物含量上升，进而导致黑臭水体现象，对此政府部门应该加强监管，对企业加强整改，将废弃工业污水及生活污水进行无公害化处理后再排放，应监督管控渔业、农业、生活污水排放，保护当地水资源，大力践行"绿水青山就是金山银山"的理念。

　　如图 3-22 所示透明度高于 50 cm 的地区主要集中于洞庭湖流域西北部，这也意味着该地存在黑臭水体污染的可能性较小，水质较为清澈，这主要是因为洞庭湖流域西北部支流较多，工业用地、农业用地较少，人类活动较为稀少，水质扰动较少，固体悬浮物、有机物可以沉淀分解。对此政府部门应该持续关注并保护该地区水质状况，充分发挥自然生态区净水、滤水的作用，构建人与自然和谐共处的良好局面。

　　通过本次实验，得到了洞庭湖区域透明度反演图，根据黑臭水体的评判依据，找到可能受污染的区域，并分析其成因，验证了最小二乘法建模的有效性，实验结果可以用来评判湖泊河道的污染情况。

3.5　本章小结

　　水资源调查监测目标是查清地表水资源量、地下水资源量、水资源总量、水资源质量、河流年平均径流量、湖泊水库的蓄水动态、地下水位动态等现状及变化情况，以及重点地区黑臭水体监测。本章从洞庭湖地区黑臭水体监测角度出发，首先系统阐述了黑臭水体监测指标体系，介绍了监测方法与相关技术流程，以洞庭湖区域黑臭水体监测指标体系中的透明度为例，开展了基于 landsat 8 遥感影像的洞庭湖水域透明度反演实验，揭示了洞庭湖区域的透明度指标分布情况，为其他指标的反演提供了技术路线，也为水资源调查监测提供了帮助。

第4章 森林资源调查监测

扫码查看本章彩图

4.1 背景与目标

　　森林是陆地生态系统的主体,森林及其变化对陆地生物圈及其他地表过程有着重要影响。森林资源是林地及其所生长的森林有机体的总称。这里以林木资源为主,还包括林中和林下植物、野生动物、土壤微生物及其他自然环境因子等资源。林地包括乔木林地、疏林地、灌木林地、林中空地、采伐迹地、火烧迹地、苗圃地和国家规划宜林地。1990—2015 年,全球森林资源面积减少了 19.35 亿亩,而中国的森林面积增长了11.2 亿亩。在森林面积增长的同时,中国林业产业总产值从 2001 年的 4090 亿元增加到 2015 年的 5.94 万亿元,15 年增长了 13.5 倍,为 7 亿多农村人口脱贫致富作出了重大贡献,对“绿水青山就是金山银山”作出了最好的诠释。中国已成为世界上森林资源增长最多和林业产业发展最快的国家。习近平于 2005 年 8 月 15 日在浙江湖州安吉考察时提出“绿水青山就是金山银山”的科学论断,指明了我国社会主义建设过程中必须兼顾生态环境安全、人与自然和谐共处,只有谨记“绿水青山就是金山银山”才能实现我国林业和经济社会健康可持续发展,定期开展森林资源调查工作是“绿水青山就是金山银山”理念的重要实践,也是实现我国林业和经济社会健康可持续发展的重要保证。《自然资源调查监测体系构建总体方案》的总体要求是森林资源调查监测要查清森林资源的种类、数量、质量、结构、功能和生态状况以及变化情况等,获取全国森林覆盖率、森林蓄积量以及起源、树种、龄组、郁闭度等指标数据,每年发布森林蓄积量、森林覆盖率等重要数据。一方面,森林资源调查就是为了满足森林分类经营、编制经营方案,为科学培育、严格保护和合理利用森林资源而进行的资源调查活动,同时为林业资源发展规划提供数据支持以便于决策。另一方面,集体林业制度改革势在必行,而森林资源调查是集体林权制度改革的基础工作,对于推进集体林权制度改革顺利完成具有重要意义。因此建立完善森林资源调查体系对林业资源可持续利用具有重要的作用。

4.2 监测指标体系

　　森林资源调查是指对指定区域内的树木,根据规划设定的目的,通过实地测量,利用遥感、摄影测量等技术手段,获取该区域森林的面积、结构、树木的种类和质量等信息,然后将获取的信息统一整理,建立森林资源调查档案的工作。对于森林资源的调查主要涉及总量、质量、区域分布、树木生长状态、年损耗量,同时包括生态条件、人类社会经济等方面的相关数据。为更好地实现森林资源调查监测,从森林资源调查监测任务的角度，将描述森林资源结构功能的因子分成三大类：第一类是静态结构及综合指标，它反映了森林资源系统的结构与功能，同时加入的社会经济因子，反映了系统与环境的交互作用；第二类是一些反映森林资源随时间变化的动态指标；第三类是针对当前我国林业管理现状向管理者提供反馈信息的指标。在林业资源调查方面的研究大致可分为三个部分：林木判别、单木点云分割、森林参数反演。单木点云分割是在已知林木中应用模式识别方法对单株木进行分割、分类，要求能够较准确地描述原始林木的几何形状、位置、种类等信息。森林参数反演指的是在林木识别的基础上，就单木和林分两个层面进行森林参数的反演。具体监测指标如表 4-1 所示。

表 4-1　森林资源调查监测指标体系

类型	名称	指标说明
单木指标	单木位置	树的位置作为树木的重要参数，是计算树高和胸径的基础，因此需要对每棵树的位置进行准确描述
	树高	树高即树冠的最高点到地面的距离，要让得到的树高比较准确，就要让激光波束尽可能只接触目标物体
	冠层直径	植冠的直径
	冠幅面积	树木、树苗的南北或者东西方向的宽度
	树木边界	冠层在俯视下的最大边界区域
林分指标	数量	作为最基础的统计指标，对于各项指标具有指导意义
	高度变量	高度变量是与点云高程值相关的统计参数，对回归分析特别有用，可作为回归分析的自变量
	强度变量	强度变量与高度变量类似，不同的是计算强度变量使用的是点的强度值而非高度值
	郁闭度	郁闭度是林分冠层的垂直投影占林地面积的百分比，在森林经营管理中，郁闭度是确定抚育采伐强度的重要指标，也是进行森林蓄积量估测不可或缺的因子
	叶面积指数	叶面积指数是表征植被冠层结构最基本的参数之一，它的定义为单位地表面积上所有叶片表面积的一半
	间隙率	间隙率主要是指森林群落中老龄树死亡或者偶然因素导致成熟阶段优势树种死亡，从而在林冠层造成空隙的现象

4.3　监测方法与技术流程

对于森林资源的调查监测方法目前主要分为人工地面实测和遥感两大类：人工地面实测即以地面调查为基础的传统调查和研究，需要投入大量时间和人力、物力，而获取的只是小范围的一些具有代表性的森林资源调查数据，不利于研究大范围或区域尺度上的森林资源空间分布及变化；而遥感技术的发展为有效解决区域内森林资源调查难的问题提供了新的途径，使快速查明森林资源和进行动态监测得以实现。然而，卫星遥感技术在精细分类、微观层次量测等方面存在不足；激光雷达技术（LiDAR 技术）基于激光雷达极高的角分辨能力、距离分辨能力、抗干扰能力等优点，可以高精度地获取地表物体的信息，尤其在林木高度测量与林分垂直结构信息获取方面具有其他遥感技术无可比拟的优势，可以直接获取地表地物的三维信息，在森林参数估测方面具有独特的优势，此外，激光雷达数据的应用能够有效地弥补传统地面调查耗时、费力等不足，不仅可以快速、准确地获取遥感估测模型的训练数据和验证数据，还有助于激光雷达技术进一步推广应用于大区域的森林资源调查因子的反演，为林业资源调查提供有力的依据。目前激光雷达技术在森林资源调查及森林生态状况监测中有着广泛应用。我们选择利用航空激光雷达技术进行林业监测，利用机载点云数据在林业方面进行研究，基本流程如图4-1 所示。

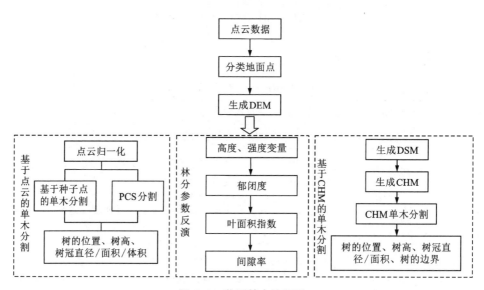

图 4-1　监测基本流程图

4.3.1　数据收集与预处理

1.数据收集

森林资源调查监测需收集指定区域的机载激光点云数据。机载激光雷达的数据采集作业流程包括航测前期准备工作、航测数据采集作业和坐标解算等。

2.数据预处理

机载激光雷达系统的数据采集作业中所获取的激光雷达数据根据格式不同，可以分为离散点云数据和全波形数据两种类型。全波形激光雷达系统记录返回信号的全部能量，通过后向散射特征分析植被的垂直剖面，获得亚米级信息，推断植被的结构和物理特性。离散回波激光雷达系统记录单个或多个回波，表示来自不同高度的植被信息，其获取的原始数据为植被表面海量三维点集合，包含每个点的空间坐标(x,y,z)及反射强度等信息。LiDAR 点云数据常用的格式主要有 Las 格式、ASCII 格式。

(1)数据格式统一

针对获取的不同格式的点云数据，首先要做的是统一格式，在各类格式的点云数据中提取点云信息并合并为统一整体。

(2)点云去噪

在采集 LiDAR 点云数据过程中，由于无人机飞行器机身的晃动、系统的不稳定性和外部环境干扰(如飞鸟)等各种测量误差，获取的点云数据中往往包含异常值，影响点云数据的滤波、DTM 和 CHM 的生成以及单木分割精度。因此，采用点云数据进行林业资源监测研究之前有必要对点云进行去噪处理。大多数点云噪声在空间上表现为一个或一簇孤立的点，与地物点的高度差异明显，这种异常点通常采用算法剔除。另一类噪声点空间特征不明显，往往采用人工视觉解译方法去除噪声。

(3)点云滤波

为了获取研究林区植被的三维结构信息，提取数字高程模型(DEM)时需要将地面数据和植被数据分离开来，此过程称为点云滤波，也叫提取地面点。滤波过程往往通过一定的滤波规则来进行，对林区采集的点云滤波后，数据分为地面点和非地面点。

(4)DTM、DSM 和 CHM 模型的生成

LiDAR 系统发射的激光脉冲能穿透植被冠层抵达地面，因此，采用 LiDAR 系统进行森林资源清查时，需要首先获取森林植被激光点和地面激光点，进而构建目标林地的数字地形模型(DTM)、数字表面模型(DSM)和林冠高度模型(CHM)。

不规则三角网 TIN 模型通过一系列相连接的三角形拟合地表或其他不规则表面，是实现地形空间三维可视化，生成 DTM 的一种很有效的途径。最常用的方法是狄洛尼(Delaunay)三角网剖分方法。狄洛尼三角网中的每个三角形被视为一个平面，平面的几何特征完全通过三角网顶点的几何坐标(x,y,z)来决定。不规则三角网通过狄洛尼三角剖分法由离散的激光雷达点生成。狄洛尼三角剖分构造了一系列连续的三角形面，这些面在点云中的相邻点之间形成线性连接。狄洛尼三角剖分的约束条件是：任何点都不在任何其他三角形的外接圆内，并且给定三角形中的最小角最大化。插值过程中首先创建一个格网，其中包含覆盖三角网的等间距单元(如 1 m 的间距)，然后从每个栅格点的水平位置处的三角形平面提取高程。对滤波后得到的雷达点云地面数据进行插值，获得 DTM，它以密集的高程模型点的坐标(X,Y,Z)表征地形结构三维信息。DTM 在测绘工作中也称为数字高程模型(DEM)，可以用于提取各种地形参数，如坡度、坡向和粗糙度等，在地形地貌、地图测绘、通视分析、城市建模、水文与生态研究、流域结构生成、森林资源调查和灾害预测等领域都有着广泛的应用。对点云中的首次回波进行插值，则可以生成数字表面模型 DSM，DSM 是包括地物在内的物体表面形态的数字化表达。通过从 DSM 中减去 DEM 生成 CHM。林冠高度模型(CHM)代表植被的高度，它不是高程值，而是地面和树顶之间的高度或距离。因此，在生成 CHM 之前，需要对 LiDAR 点云数据进行高度归一化，以确保 CHM 正确地表征林冠高度。

4.3.2 监测指标处理

针对森林资源调查监测具体指标，我们对复杂的森林林分指标进行详细的原理解析。

1. 高度变量原理描述

从激光雷达点云数据，共可以计算 46 个与高度相关的统计变量以及 10 个与点云密度相关的统计变量。

平均绝对偏差：计算公式为 $E = \dfrac{\sum\limits_{i=1}^{n}(|Z_i - \bar{Z}|)}{n}$，其中 Z_i 为每一统计单元内第 i 个点的高度，$\bar{Z}$ 为每一统计单元内所有点的平均高度，n 为每一统计单元内的总点数。

冠层起伏率：计算公式为 $S = \dfrac{\text{mean} - \text{min}}{\text{max} - \text{min}}$，其中，mean 为每一统计单元内所有点的平均高度，min 为每一统计单元内所有点的最小高度，max 为每一统计单元内所有点的最大高度。

累积高度百分位数（AIH，15 个）：某一统计单元内，将其内部所有归一化的激光雷达点云按高度进行排序并计算所有点的累积高度，每一统计单元内 $X\%$ 的点所在的累积高度，即为该统计单元的累积高度百分位数。一般统计的高度百分位数包含 15 个，即 1%、5%、10%、20%、25%、30%、40%、50%、60%、70%、75%、80%、90%、95% 和 99%。

累积高度百分位数（AIH）四分位数间距：计算公式为 AIH = AIH75% − AIH25%，其中，AIH75% 为 75% 累积高度百分位数，AIH25% 为 25% 累积高度百分位数。

变异系数：某一统计单元内，所有点的 Z 值的变异系数，计算公式为 $V = \dfrac{Z_{\text{std}}}{Z_{\text{mean}}} \times 100\%$，其中，$Z_{\text{std}}$ 为每一统计单元内所有点的高度值的标准差，Z_{mean} 为每一统计单元内所有点的平均高度。

密度变量（10 个）：将点云数据从低到高分成 10 个相同高度的切片，每层回波数的比例就是相应的密度变量。

峰度：某一统计单元内，所有点的 Z 值分布的平坦度，计算公式为：$\text{Kurtosis} = \dfrac{\frac{1}{n-1}\sum\limits_{i=1}^{n}(Z_i - \bar{Z})^4}{\sigma^4} = \dfrac{\sum\limits_{i=1}^{n}Z_i^4 + 6\bar{Z}^2\sum\limits_{i=1}^{n}Z_i^2 - 4\bar{Z}\sum\limits_{i=1}^{n}Z_i^3 - 4\bar{Z}^3\sum\limits_{i=1}^{n}Z_i + n\bar{Z}^4}{(n-1)^4}$，其中，$Z_i$ 为每一统计单元内第 i 个点的高度，$\bar{Z}$ 为每一统计单元内所有点的平均高度，n 为每一统计单元内的总点数，σ 为统计单元内点云高度分布的标准差。

2. 强度变量原理描述

只有当点云数据中包含强度信息时，才能统计强度变量。从激光雷达点云数据，共可以计算 42 个与强度相关的统计变量。

平均绝对偏差：计算公式为 $E = \dfrac{\sum\limits_{i=1}^{n}(|I_i - \bar{I}|)}{n}$，其中，$I_i$ 为每一统计单元内第 i 个点的强

度值，$\bar{I}$ 为每一统计单元内所有点的平均强度，n 为每一统计单元内的总点数。

累积强度百分位数（AII，15 个）：某一统计单元内，将其内部所有归一化的激光雷达点云按强度进行排序并计算所有点的累积强度，每一统计单元内 $X\%$ 的点的累积强度，即为该统计单元的累积强度百分位数。一般统计的累积强度百分位数包含 15 个，即 1%、5%、10%、20%、25%、30%、40%、50%、60%、70%、75%、80%、90%、95% 和 99%。

变异系数：某一统计单元内，所有点的强度的变异系数，计算公式为 $V = \dfrac{I_{std}}{I_{mean}} \times 100\%$，其中，$I_{std}$ 为每一统计单元内所有点强度的标准差，I_{mean} 为每一统计单元内所有点的平均强度。

峰度：某一统计单元内，所有点的强度值的平坦程度，计算公式为 $\text{Kurtosis} = $

$$\dfrac{\dfrac{1}{n-1}\sum_{i=1}^{N}(I_i - \bar{I})^4}{\sigma^4} = \dfrac{\sum_{i=1}^{N}I_i^4 + 6\bar{I}^2\sum_{i=1}^{N}I_i^2 - 4\bar{I}^x\sum_{i=1}^{N}I_i^3 - 4\bar{I}^3\sum_{i=1}^{N}I_i + n\bar{I}^4}{(n-1)\sigma^4}$$，其中，I_i 为每一统计单元内第

i 个点的强度，$\bar{I}$ 为每一统计单元内所有点的平均强度，n 为每一统计单元内的总点数，σ 为统计单元内点云高度分布的标准差。

3. 叶面积指数原理描述

叶面积指数的计算，使用以下公式：

$$\text{LAI} = -\dfrac{\cos(\text{ang}) \times \ln(GF)}{k}$$

其中，ang 是平均扫描角，GF 是间隙率，k 是消光系数，消光系数与树冠的叶倾角分布紧密相关，ln 是自然对数。

平均扫描角计算公式如下：

$$\text{ang} = \dfrac{\sum_{i=1}^{n}\text{angle}_i}{n}$$

其中，ang 是平均扫描角度，n 是点数，angle_i 是第 i 个点的扫描角度。

间隙率主要是指森林群落中老龄树死亡或者偶然因素导致成熟阶段优势树种死亡，从而在林冠层造成空隙的现象。

间隙率的计算，使用以下公式：

$$GF = \dfrac{n_{ground}}{n}$$

其中，n_{ground} 是提取的 Z 值低于高度阈值的地面点数，n 是总点数。值得注意的是，归一化的点云数据中所有低于高度阈值（该值常设置为 2 m）的点在间隙率的计算过程中都被视为地面点。

4.3.3 监测成果类型

针对森林资源调查使用航空激光点云监测林分尺度的森林指标和单棵树的属性，可以客观反映森林资源的数量、质量和变化趋势，掌握了森林生态状况的现状和动态变化。监测成果类型大致如图 4-2 所示。

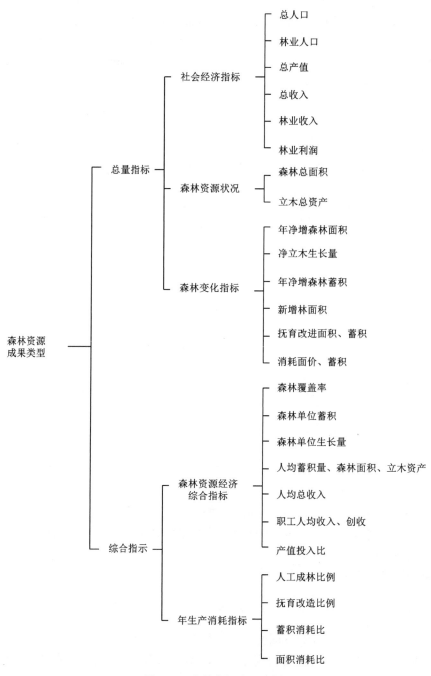

图4-2 森林资源成果类型

4.4　监测实例

　　森林资源调查对于及时掌握森林资源信息至关重要，森林资源调查的重要内容之一是测量样方内林业的生物量、蓄积量、冠层高度、冠层覆盖度、郁闭度、林窗参数、树密度，甚至林区单木的位置、高度。激光雷达作为一项成熟的技术已逐步应用于林业资源清查，相比其他技术手段，机载激光雷达手段在大范围、高时效、高精度林木高度与林分垂直结构信息获取方面具有极大的优势。

4.4.1　监测区概况

　　本次监测研究选在塞罕坝某林场，该林场位于北纬 42°22′42.31″ 东经 116°53′117.31″，海拔 1010~1939.9 m，为森林-草原交错带。总体来讲，植被类型多种多样，依此分别为落叶针叶林、常绿针叶林、针阔混交林、阔叶林、灌丛、草原、草甸、沼泽及水生群落。本次测试选取了白桦林(阔叶林)和落叶松林(针叶林)为研究区域，监测区作业区域的面积适中，面积为几十平方公里，地形变化小，直接使用无人机激光雷达系统进行数据扫描。

4.4.2　数据获取

　　收集的数据为无人机激光点云数据，获取时间为 2013 年夏季，详细信息见表 4-2。

表 4-2　森林资源调查监测数据及来源

采集参数	点云数据信息
传感器	集成 Livox Mid-40 激光器
获取季节	夏季
脉冲重复率	200 kHz
视场角	38.4°
平均飞行速度	105 kn
平均飞行高度	214 m
飞行带宽	142.7 m
飞行带重叠度	50%
可用飞行带比例	95%
点密度	50 pt/m²
平均光斑大小	0.15 m
标称点间距	0.2 m

4.4.3 数据处理

1. 预处理

点云数据通常必须经过预处理，然后才能作为 ALS 森林模块工具的有效输入。这些数据预处理步骤旨在去除异常值，对地面点等单个点进行分类，并通过归一化去除机载林业对点高度的影响。ALS 点云中的统计异常值代表噪声(错误或非目标调查数据)，通常分为高级别异常值和低级别异常值。高级别异常值往往是由飞行物体(如鸟类或飞机)产生的激光脉冲返回的结果，这些物体在数据收集期间经过扫描仪器的视野。与它们所属的 LiDAR 数据集中包含的其余测量值相比，低级别异常值是具有极低高程值的点。这些异常值类型通常是由影响激光扫描数据质量的多径效应引起的。LiDAR360 提供的工具可以通过编程方式识别和删除高级别和低级别异常值。

（1）启动 LiDAR360 并将 ALSData. LiData 添加到项目中。

（2）转至数据管理 > 点云工具 > 去噪，接受默认参数，然后单击确定，如图4-3所示。

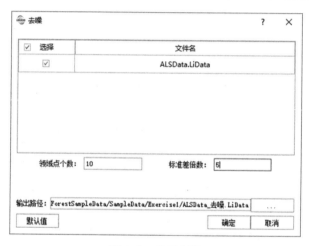

图4-3 点云去噪

（3）转至分类>地面点分类。使用 ALSData_Remove Outliers. LiData 作为输入，接受默认参数并单击确定，如图4-4所示。

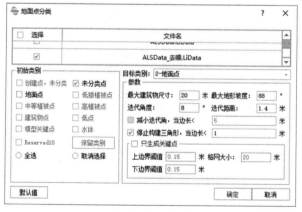

图4-4 地面点分类

将成果图导入可视化, 结果如图 4-5 所示。

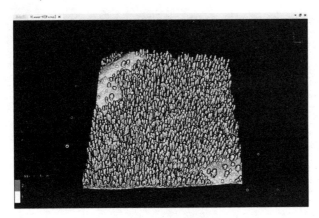

图 4-5　结果显示图

(4)转至机载林业>DEM, 接受默认参数并单击确定, 如图 4-6 所示。

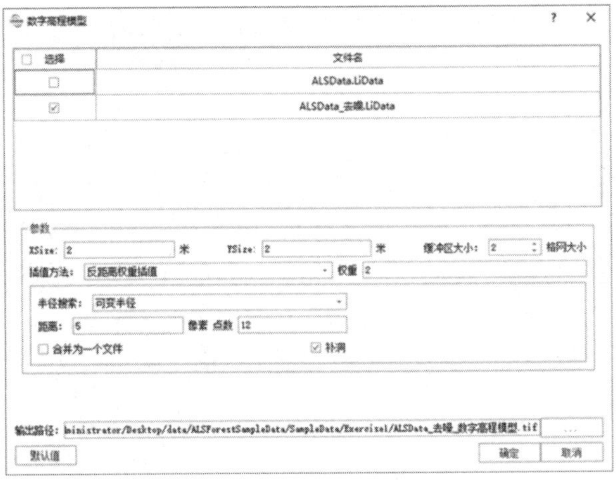

图 4-6　DEM 过程

在 DEM 中加载后, 显示将切换到 2D 视图, 如图 4-7 所示。要返回 3D 显示, 则启动一个新的显示窗口或从当前显示中删除 DEM。

还可以通过转到 Data > Management > Conversion > Convert TIFF to LiModel 将 DEM 转换成 3D 视图, 如图 4-8 所示。

(5)转至数据管理>点云工具>归一化。如果已经加载了 DEM 数据, 则可以在输入 DEM 文件下拉菜单中找到它。否则, 可以通过单击添加 DEM 输入。单击确定运行, 归一化过程和结果分别如图 4-9 和图 4-10 所示。

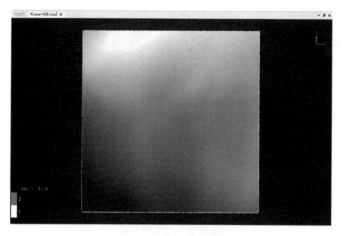

图 4-7 DEM 二维视图

（扫本章二维码查看彩图）

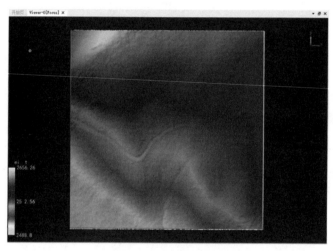

图 4-8 DEM 三维视图

（扫本章二维码查看彩图）

![归一化对话框]

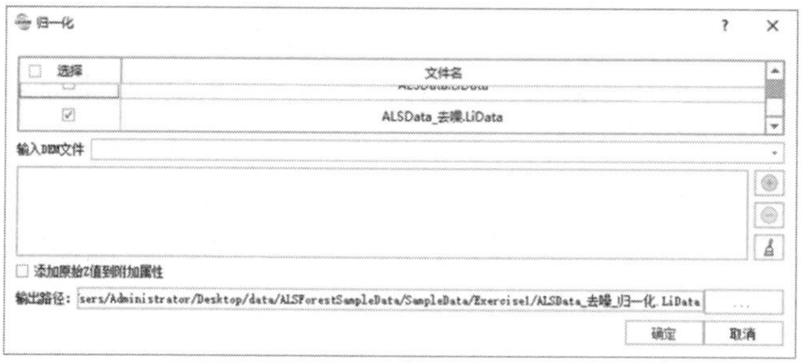

图 4-9 归一化过程

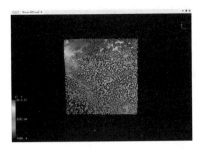

图4-10 归一化后结果

（扫本章二维码查看彩图）

2.基于CHM的单木分割

森林的单木分割过程，具体包括生成DEM、生成DSM、生成CHM、CHM分割、单木分割。

（1）生成DEM。将ALSData_Remove Outliers. LiData点云（在去除异常值之后和归一化之前）加载到软件中。前往机载林业>DEM，将参数保留为默认值，单击"确定"。DEM过程与结果分别如图4-11和图4-12所示。

图4-11 DEM生成过程

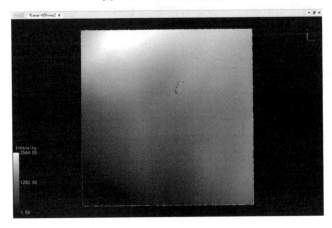

图4-12 DEM结果

（2）生成 DSM。前往机载林业>DSM，将参数保留为默认值，单击"确定"，DSM 生成过程及结果分别如图 4-13 和图 4-14 所示。

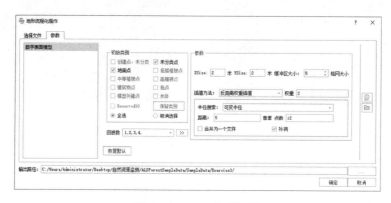

图 4-13　DSM 生成过程

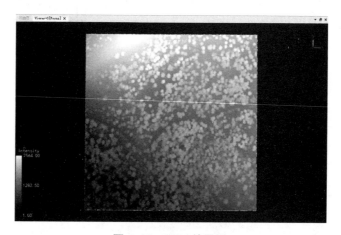

图 4-14　DSM 结果图

（3）生成 CHM。前往机载林业>CHM，将"输入 DSM"和"输入 DEM"设置为以下内容，然后单击确定。CHM 生成过程及结果分别如图 4-15 和图 4-16 所示。

图 4-15　CHM 生成过程

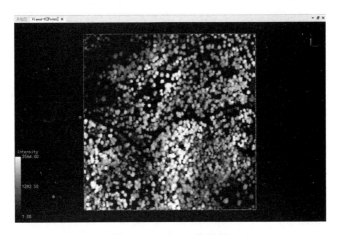

图 4-16　CHM 结果图

（4）CHM 分割。转到机载林业>分割>CHM 分割，选择 CHM 文件作为输入，将 Sigma 设置为 1，并接受默认设置，然后单击确定，如图 4-17 所示。

图 4-17　CHM 分割

（5）分割完成后，软件会提示您将结果添加到显示中。设置参数如图 4-18 所示，然后单击应用，分割结果如图 4-19 所示。将 CHM 分割结果打开为表格以显示树木位置、高度、树冠直径和树冠面积（图 4-20）。

图 4-18　打开分割结果

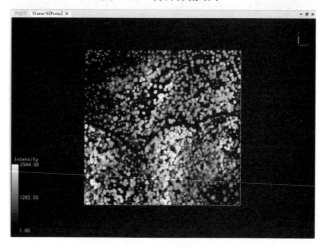

图 4-19　分割结果展示

	TreeID	TreeLocationX	TreeLocationY	TreeHeight	ownDiamet	CrownArea
1	165	322879.0000	4102418.9900	1.1350	4.5140	16.0000
2	621	322865.0000	4102204.9900	2.6880	4.5140	16.0000
3	62	322887.0000	4102476.9900	1.0600	5.5280	24.0000
4	76	322803.0000	4102468.9900	2.9150	5.5280	24.0000
5	467	322937.0000	4102274.9900	1.1950	5.5280	24.0000
6	920	322509.0000	4102076.9900	6.5170	5.5280	24.0000
7	372	322665.0000	4102324.9900	1.2820	5.9710	28.0000
8	992	322687.0000	4102042.9900	3.6560	5.9710	28.0000
9	109	322805.0000	4102448.9900	1.2700	6.3830	32.0000
10	129	322619.0000	4102436.9900	1.0780	6.3830	32.0000
11	299	322533.0000	4102352.9900	1.0170	6.3830	32.0000
12	24	322693.0000	4102492.9900	1.0780	6.7700	36.0000
13	86	322579.0000	4102462.9900	1.3900	6.7700	36.0000
14	403	322591.0000	4102308.9900	2.5830	6.7700	36.0000
15	582	322951.0000	4102220.9900	20.5030	6.7700	36.0000
16	588	322701.0000	4102216.9900	1.6440	6.7700	36.0000
17	629	322825.0000	4102200.9900	17.4610	6.7700	36.0000
18	716	322999.0000	4102162.9900	4.5980	6.7700	36.0000

图 4-20　分割属性展示

除了 CSV 文件, CHM 分割还创建了一个树边界的 shapefile 文件(图 4-21)。右键单击矢量图层, 通过项目面板>导入数据>选择 shape 文件 ALSData_Remove Outliers_DSM_CHM_CHM 分割. shp 打开。

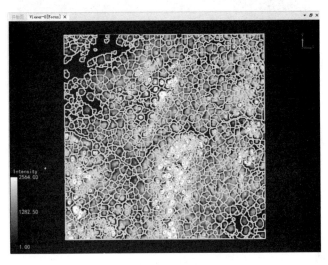

图 4-21　树边界

(6)虽然 CSV 文件中提供了单个树的属性, 但 LiDAR 点云尚未分割成单个树。转到机载林业 > 分割 > 点云分割 from Seed Points。选择 ALSData _ Remove Outliers _ Normalize by DEM. LiData 数据集作为点云文件, 并选择 ALSData_Remove Outliers_DSM_CHM_CHM 分割 CSV 作为种子文件, 如图 4-22 所示。

图 4-22　利用点分割树

分段完成后, 显示应切换到"按 TreeID 显示"。如果没有, 请单击工具栏上的 ID 应用效果。单木分割效果如图 4-23 所示。

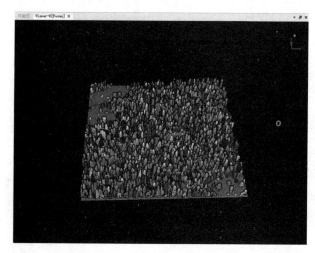

图4-23 单木分割效果

3. 直接点云分割

直接对 LiDAR 点云进行分割,可以减少 CHM 分割方法中冠层信息丢失的影响。从分割结果中可以得到个体树的信息,包括树的位置、树高、树冠直径、树冠面积和树冠体积。

(1) 将 ALSData_Remove Outliers_Normalize by DEM. LiData. LiData 点云添加到 LiDAR360。转到机载林业>分割>点云分割,输入标准化点云数据,接受默认设置并单击确定,如图4-24 所示,结果如图4-25 所示。

图4-24 点云分割过程

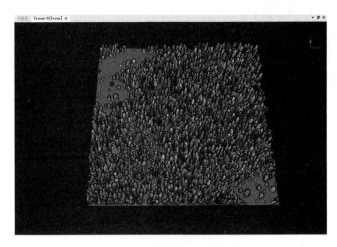

图 4-25　点的分割展示

（2）分段完成后，显示应切换到"按 TreeID 显示"，如图 4-26 所示。如果没有，请单击工具栏上的应用效果。

	TreeID	TreeLocationX	TreeLocationY	TreeHeight	CrownDiameter	CrownArea	CrownVolume
1	1	322572.9500	4102499.7700	11.0000	0.7160	0.4030	0.2930
2	2	322874.0200	4102498.6800	35.5680	6.4420	32.5920	177.6550
3	3	322549.2100	4102497.1700	20.4460	4.4410	15.4910	77.9630
4	4	322733.6200	4102499.9700	20.4440	4.0350	12.7840	76.6890
5	5	322555.0700	4102499.9800	23.5300	1.9760	3.0680	1.7810
6	6	322510.9300	4102499.2500	15.0930	3.1100	7.5990	25.0230
7	7	322813.6000	4102498.8800	33.8130	0.2000	0.0320	0.0320
8	8	322525.8200	4102499.9500	2.0200	0.0000	0.0000	0.0000
9	9	322519.8000	4102499.9300	14.7670	3.1460	7.7730	14.2890
10	10	322578.5200	4102499.1300	12.4200	2.6380	5.4650	7.6310
11	11	322827.3200	4102499.8300	31.2660	5.6950	25.4750	120.0300
12	12	322983.3500	4102497.3300	31.5380	5.7910	26.3350	251.0880
13	13	322835.4700	4102494.8600	24.0900	5.6590	25.1530	159.0600
14	14	322929.0800	4102499.8500	36.9760	5.4820	23.6050	100.9840
15	15	322742.9400	4102499.0700	14.4960	3.5440	9.8630	36.6190
16	16	322569.3800	4102491.9300	4.2800	0.6440	0.3260	0.1320
17	17	322720.5200	4102492.6500	15.7600	4.1470	13.5100	36.9230
18	18	322669.7900	4102496.0300	12.5960	4.0220	12.7070	42.1530

图 4-26　单木的属性表

4.林分指标计算

使用 LiDAR360 的 ALS Forest 模块处理空中（无人机和机载）LiDAR 点云数据，并计算 Forest Metrics，例如 Height Metrics、Canopy Cover 和 Leaf Area Index，以及单个树木属性如树木位置、数量、高度、冠层直径、冠层面积和冠层体积。其他指标，如生物量和蓄积量，可以根据样本区域的调查数据通过回归分析来得到。

这里使用 LiDAR360 计算常见的森林指标，包括高程指标、强度指标、冠层覆盖率、叶面积指数和间隙分数。输入数据应该是归一化的点云数据。

（1）高程指标是与点云高程相关的统计参数。它们经常用于回归分析，尤其在将场图测量与 LiDAR 数据相关联时。该模型可以计算 46 个与高程相关的统计参数和 10 个与点云密度相关的参数。转至 ALS 森林>基于格网计算森林参数>高程变量。将输出类型设置为 CSV 文件，其他所有内容保留为默认值，然后单击 OK，如图 4-27 所示。

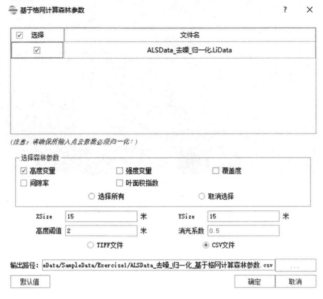

图 4-27　高程指标计算

等待工具完成运行后，通过将 CSV 文件添加到 LiDAR360 或在 Excel 中打开来检查结果，如图 4-28 和图 4-29 所示。

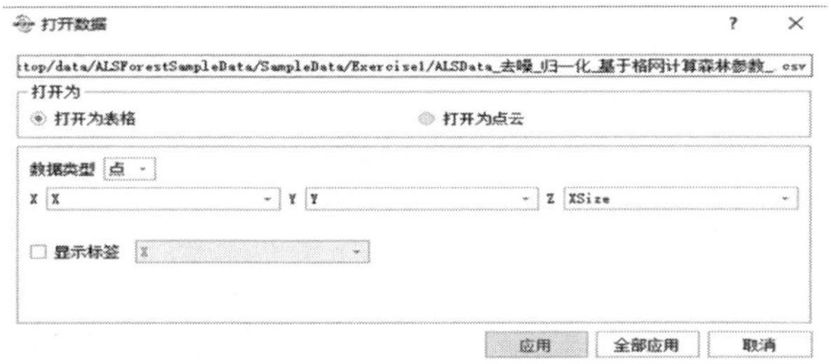

图 4-28　高程计算审核

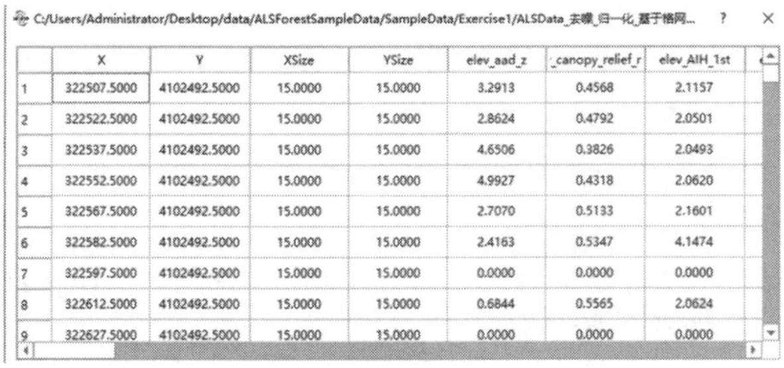

	X	Y	XSize	YSize	elev_aad_z	_canopy_relief_r	elev_AIH_1st
1	322507.5000	4102492.5000	15.0000	15.0000	3.2913	0.4568	2.1157
2	322522.5000	4102492.5000	15.0000	15.0000	2.8624	0.4792	2.0501
3	322537.5000	4102492.5000	15.0000	15.0000	4.6506	0.3826	2.0493
4	322552.5000	4102492.5000	15.0000	15.0000	4.9927	0.4318	2.0620
5	322567.5000	4102492.5000	15.0000	15.0000	2.7070	0.5133	2.1601
6	322582.5000	4102492.5000	15.0000	15.0000	2.4163	0.5347	4.1474
7	322597.5000	4102492.5000	15.0000	15.0000	0.0000	0.0000	0.0000
8	322612.5000	4102492.5000	15.0000	15.0000	0.6844	0.5565	2.0624
9	322627.5000	4102492.5000	15.0000	15.0000	0.0000	0.0000	0.0000

图 4-29　高程变量表格显示

（2）强度度量类似于高程度量，不同之处在于使用点强度而不是点高程。因此，只有在点云数据包含强度信息时才能使用该函数。总共可以计算 42 个与强度相关的统计参数。转至 ALS 森林>基于格网计算森林参数>强度变量。在对话窗口中，将输出类型设置为 CSV 文件，将其他所有内容保留为默认值，然后单击 OK，如图 4-30 所示。

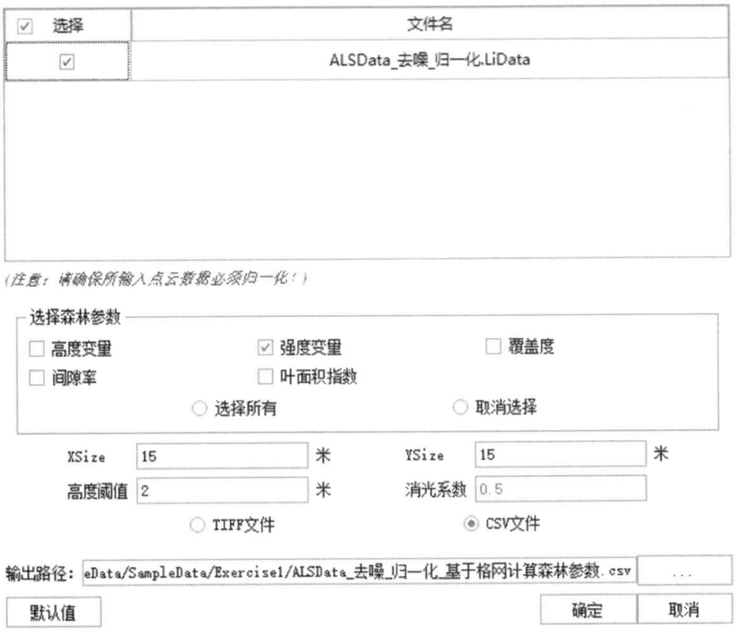

图 4-30　强度度量计算

等待工具完成运行后，通过将 CSV 文件添加到 LiDAR360 或在 Excel 中打开来检查结果，如图 4-31 和图 4-32 所示。

图 4-31　强度度量审核

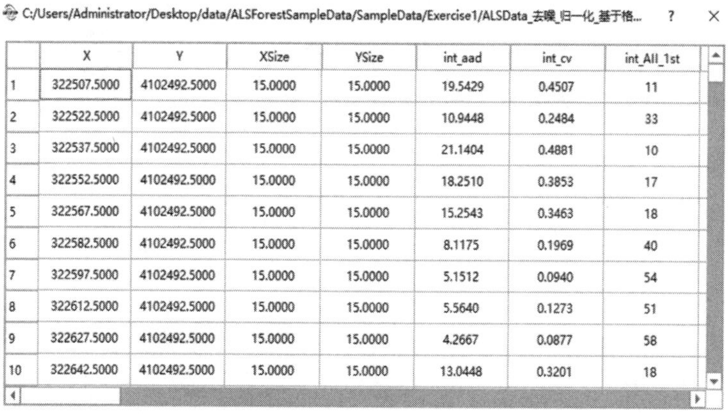
C:/Users/Administrator/Desktop/data/ALSForestSampleData/SampleData/Exercise1/ALSData_去噪_归一化_基于格...

	X	Y	XSize	YSize	int_aad	int_cv	int_All_1st
1	322507.5000	4102492.5000	15.0000	15.0000	19.5429	0.4507	11
2	322522.5000	4102492.5000	15.0000	15.0000	10.9448	0.2484	33
3	322537.5000	4102492.5000	15.0000	15.0000	21.1404	0.4881	10
4	322552.5000	4102492.5000	15.0000	15.0000	18.2510	0.3853	17
5	322567.5000	4102492.5000	15.0000	15.0000	15.2543	0.3463	18
6	322582.5000	4102492.5000	15.0000	15.0000	8.1175	0.1969	40
7	322597.5000	4102492.5000	15.0000	15.0000	5.1512	0.0940	54
8	322612.5000	4102492.5000	15.0000	15.0000	5.5640	0.1273	51
9	322627.5000	4102492.5000	15.0000	15.0000	4.2667	0.0877	58
10	322642.5000	4102492.5000	15.0000	15.0000	13.0448	0.3201	18

图 4-32　强度度量表格显示

（3）覆盖度是森林冠层垂直投影占林地面积的百分比。它是森林管理中的一个重要参数，也是估算森林体积的重要因素。转至 ALS 森林>基于格网计算森林参数>覆盖度，接受默认参数并单击确定，如图 4-33 所示。计算结果见图 4-34。

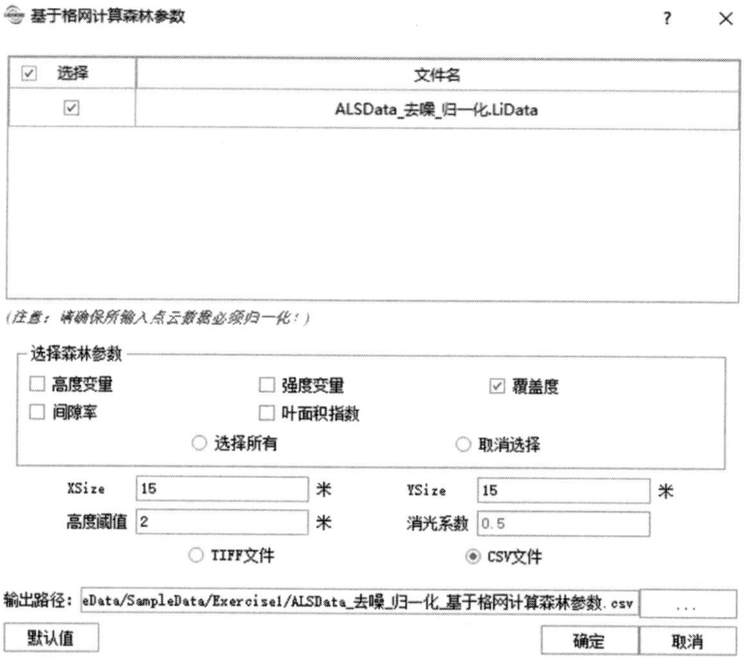

图 4-33　覆盖度计算过程

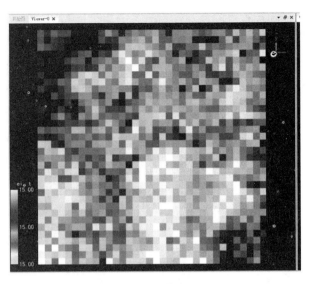

图4-34　覆盖度显示

（4）叶面积指数。叶面积指数（LAI）是表征森林冠层结构的最基本参数之一。它是指一个林分成一株植物的总叶面积与树冠投影所占土地面积的比值。LAI可通过归一化的LiDAR植被点进行计算。转至ALS Forest > Forest Metrics > Leaf Area Index，接受默认参数并单击OK，如图4-35和图4-36所示。

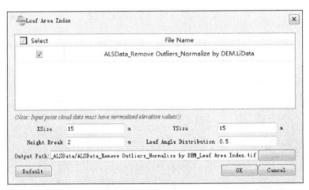

图4-35　叶面积指数

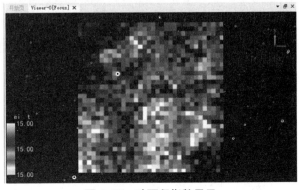

图4-36　叶面积指数显示

（5）间隙率是控制光和植被之间相互作用的关键变量，主要是指森林群落中老龄树死亡或偶然因素导致成熟阶段优势树种死亡，从而在林冠层造成空隙的现象。转至 ALS Forest > Forest Metrics > Gap Fraction，接受默认参数并单击 OK，如图 4-37 和图 4-38 所示。

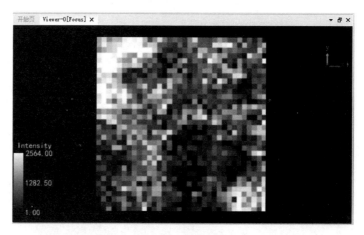

图 4-37　间隙率计算过程

图 4-38　间隙率显示

4.4.4　结果分析

单木分割精度评估通过与实测值比较，分别记录分割得到的树木总数、正确分割的棵数、错误分割的棵数、漏分的棵数，按照下面的公式分别计算 recall(r)、precision(p)和 F-score(F)。Recall 表示树木的检测率，precision 表示树木分割的正确率，F-score 为综合考虑错分和漏分的总体精度,三者的变化范围均为 0~1。

$$r = \text{TP}/[(\text{TP}+\text{FN})] \qquad p = \text{TP}/[(\text{TP}+\text{FP})] \qquad F = 2 \times [(r \times p)]/[(r+p)]$$

式中:TP 表示预测为正类,实际为正类;FP 表示预测为正类,实际为负数;FN 表示预测为负类,实际为负类。

对 271 个样地中胸径大于 12.5 cm 的树木检测结果统计见表 4-3。识别树的准确率,precision 可达 87.6%。综合考虑树的识别率和识别树的准确率,整体分割精度提高到 80%。

表 4-3 分割分数统计

方法	识别树	正确识别树	错误识别树	漏检数	$r/\%$	$p/\%$	$F/\%$
CHM 单木分割	3535	3097	438	799	79.5	87.6	82.6
直接点云分割	2967	2591	376	1305	66.5	87.3	75.1

对于林分的精度验证,根据决定系数(R^2)、均方根误差(RMSE)和相对均方根误差(RRMSE)对林分高度指标、强度指标、郁闭度、叶面积指数、间隙分数进行评价。评价指标的计算公式如下:

$$R^2 = 1 - \sum_{i=1}^{n} (x_i - \hat{x}_i)^2 / \sum_{i=1}^{n} (x_i - \bar{x}_i)^2$$

$$\text{RMSE} = \sqrt{\frac{1}{n} \sum_{i=1}^{n} (x_i - \hat{x}_i)^2}$$

$$\text{RRMSE} = \text{RMSE}/\bar{x}_i \times 100\%$$

式中:n 为样地数;i 为样地编号;x_i 为样地 i 的林分实测值;$\hat{x}_i$ 为样地 i 的林分各指标估测值;$\bar{x}$ 为所有样地的林分各指标实测平均值。

4.5 本章小结

积极开展森林资源调查对于我国林业资源可持续利用至关重要,各级自然资源主管部门应高度重视,科学有效地推进森林资源调查工作。本章从森林资源监测的大背景出发,介绍了其定义、监测体系和监测目标。在此基础上对监测方法进行理论补充,整理了森林资源调查的一般流程。以塞罕坝某林场为实验案例,开展了森林环境一般指标的监测调查,为制定森林资源调查方案提供指导。

第 5 章　耕地资源调查监测

扫码查看本章彩图

5.1　背景与目标

耕地是指主要用于种植小麦、水稻、玉米、蔬菜等农作物并经常进行耕耘的土地。作为粮食生产的载体，耕地是人类生存和发展所必需的物质来源，是农业发展的基础。近年来，随着经济社会的发展，城市化的推进，人地矛盾日益突出，出现了耕地数量减少、耕地质量下降以及耕地生态恶化等问题。

我国自 1978 年开始意识到耕地保护的重要性，并相继出台、修改相关的法律或通知以保障耕地资源，如《土地管理法》明确规定，十分珍惜、合理利用和切实保护耕地是我国的一项基本国策，提出了"严守 18 亿亩耕地红线""永久基本农田"的概念。在相关文件中也多次提到要综合运用卫星遥感等现代信息技术，对必保的耕地进行全天候监测，对全国耕地种粮情况进行监测评价并建立通报机制。

耕地资源调查监测是在构建耕地资源调查监测体系的基础上，依法组织开展耕地资源调查监测评价，查清我国耕地资源总量和变化情况；是以习近平新时代中国特色社会主义思想为指导，贯彻落实习近平生态文明思想，履行自然资源部"两统一"职责的重要举措，可为科学编制国土空间规划，逐步实现山水林田湖草的整体保护、系统修复和综合治理，保障国家生态安全提供基础支撑，为实现国家治理体系和治理能力现代化提供服务保障。

5.2　监测指标体系

耕地包括熟地、新开发、复垦、整理地、休闲地(含轮歇地、休耕地)；以种植农作物(含蔬菜)为主，间有零星果树、桑树或其他树木的土地；平均每年能保证收获一季的已垦滩地和海涂。耕地中包括南方宽度<1.0 m，北方宽度<2.0 m 固定的沟、渠、路和地坎(埂)；临时种植药材、草皮、花卉、苗木等的耕地，临时种植果树、茶树和树木且耕作层未被破坏的耕地，以及其他临时改变用途的耕地。耕地分类如表 5-1 所示。

表 5-1　耕地二级分类

一级类	二级类	含义
耕地	水田	指用于种植水稻、莲藕等水生农作物的耕地。包括实行水生、旱生农作物轮种的耕地，如水田油菜等
	水浇地	指有水源保证和灌溉设施，在一般年景能正常灌溉，种植旱生农作物（含蔬菜）的耕地。包括种植蔬菜的非工厂化的大棚用地
	旱地	指无灌溉设施，主要靠天然降水种植旱生农作物的耕地，包括没有灌溉设施，仅靠引洪淤灌的耕地

来源：国土资源部《土地利用现状分类》(GB/T 21010—2017)

　　耕地资源监测是要调查耕地资源状况，包括种类、数量、质量、空间分布等，同时监测其动态变化情况。具体包括①基础调查：查清耕地的分布、范围、面积、权属性质等；②专项调查：在基础调查耕地范围内，查清耕地的等级、健康状况、产能等，并对耕地质量、土壤酸化盐渍化及其他生物化学成分组成等进行跟踪，分析耕地质量变化趋势。为更好地实现耕地资源监测，应该依据耕地性质，对标自然资源部《自然资源调查监测体系构建总体方案》，结合《第三次全国土地调查总体方案》，从基本特征和专项特征两方面开展指标体系构建。

5.2.1　监测指标

　　耕地资源调查监测主要监测指标包括基本特征和专项特征两方面，其中，基本特征包括耕地类型、面积、分布、范围、地形部位、海拔高度、权属性质等；专项特征包括耕地等级、耕地产量、酸碱度、盐渍化程度、排水能力、田面坡度、质地构型、障碍因素、农田林网化率等，如表 5-2 所示。

表 5-2　耕地资源调查监测指标体系

类型	指标名称	指标说明
基本特征	种类	见表 5-1
	面积	描述耕地大小
	分布	耕地的空间分布
	范围	描述耕地的界限
	地形部位	指中小地貌单元
	海拔高度	描述耕地高程
	权属性质	指耕地所有权和土地使用权

续表5-2

类型	指标名称	指标说明
专项特征	质量等级	属综合评价结果
	产量	农作物年产量
	酸碱度	耕地土壤 pH
	盐渍化程度	根据土壤水溶性含盐总量、氯化物含量等综合判定
	排水能力	根据排水方式、排水设施现状等综合判断
	灌溉能力	根据灌溉用水量在多年灌溉中能够得到满足的程度综合判断
	田面坡度	农田坡面与水平面的夹角度数
	质地构型	根据不同质地土层的排列组合形式确定
	障碍因素	根据对植物生长构成障碍的类型确定
	农田林网化率	根据农田四周林带保护面积及农田总面积确定

1. 基本特征

(1) 耕地种类

指耕地种植形式及作物类型，根据分类等级可采用实地调查与遥感监测技术获取。

(2) 耕地面积

描述耕地大小情况，可通过实地测量获取；亦可通过遥感监测后，使用统计方法进行计算。

(3) 耕地分布

描述耕地的空间分布，通常通过土地利用现状图、行政区划图，使用叠加分析获取。

(4) 耕地范围

描述耕地界限，通常通过土地利用现状图、行政区划图，使用叠加分析获取。

(5) 地形部位

指中小地貌单元。如河流及河谷冲积平原要区分河床、河漫滩、一级阶地、二级阶地、高阶地等；山麓平原要区分坡积裙、洪积锥、洪积扇（上、中、下）、扇间洼地、扇缘洼地等。一般需经过实地调查，结合当地实际情况进行筛选，并添加更加具体的描述。

(6) 海拔高度

描述耕地的高程信息。通常通过实地调查，采用 GPS 定位仪现场测定填写。

(7) 权属性质

指土地所有权和土地使用权的性质，一般通过资料记载以及土地确权调查确定。

2. 专项特征

(1) 质量等级

以耕地土壤图、土地利用现状图、行政区划叠加形成的图斑为评价单元，从立地条件、耕层理化形状、土壤管理、障碍因素和土壤剖面性状等方面综合评价耕地地力，在此基础上，完成耕地质量等级划分。

(2) 产量

指耕地经济作物年产量，一般通过实地调查或农业遥感反演获取。

(3)酸碱度

指耕地土壤 pH, 通常采样进行测定。

(4)盐渍化程度

根据土壤水溶性含盐总量、氯化物盐含量、硫酸盐含量及农田出苗程度综合判定, 分为无、轻度、中度、重度。一般需要实地调查采集样本进行测定。

(5)排水能力

现场调查排水方式、排水设施现状等, 综合判断农田保证农作物正常生长, 及时排除地表积水, 有效控制和降低地下水位的能力, 分为充分满足、满足、基本满足、不满足。

(6)灌溉能力

现场调查水源类型、位置、灌溉方式、灌水量, 综合判断灌溉用水量在多年灌溉中能够得到满足的程度, 分为充分满足、满足、基本满足、不满足。

(7)田面坡度

指农田坡面与水平面的夹角度数, 通常通过实地测量获得。

(8)质地构型

挖取土壤剖面, 按 1 m 土体内不同质地土层的排列组合形式来确定。分为薄层型(红黄壤地区土地厚度<40 cm, 其他地区<30 cm)、松散型(通体砂型)、紧实型(通体黏型)、夹层型(夹砂砾型、夹黏型、夹料姜型等)、上紧下松型(漏砂型)、上松下紧型(蒙金型)、海绵型(通体壤型)等几大类型。

(9)障碍因素

按对植物生长构成障碍的类型来确定, 如沙化、盐碱、侵蚀、潜育化及出现的障碍层次情况等。

(10)农田林网化率

现场调查农田四周林带保护面积及农田总面积, 计算农田林网化率, 综合判断农田林网程度, 分为高、中、低, 计算公式为: 农田林网化率=农田四周的林带保护面积/农田总面积。

5.2.2　关键指标遥感解译标志

以二级类水田、水浇地、旱地, 以及三级类如水田类下的油菜地等关键指标为例, 从遥感影像特征、地理相关分析标志、特征光谱曲线等方面建立指标目视解译标志。

1. 水田

水田是用于种植水稻、莲藕等水生农作物的耕地。水田大部分分布于平原及沟谷地区, 周围多有河流、路、渠等。在遥感影像上显示, 色调均匀, 生长季呈绿色, 非生长季呈褐色, 形状规整, 纹理清晰, 呈块状、连续成片分布等。光谱特征曲线在绿波段有反射峰, 红波段有吸收谷, 近红外波段反射率相对较强。如图 5-1 所示。

2. 水浇地

水浇地是有水源保证和灌溉设施、种植旱生作物的耕地。水浇地主要分布在平原地区, 大部分位于城镇、村庄边缘附近及公路两侧。在遥感影像上显示, 多呈浅褐、褐白相间, 条带分布。光谱特征曲线反射率逐步增强, 在短波红外波段有反射峰。如图 5-2 所示。

 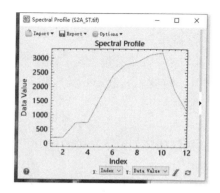

图 5-1　水田指标遥感解译标志

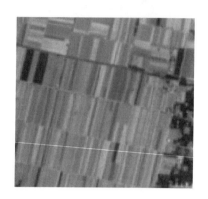 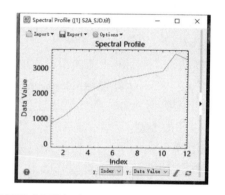

图 5-2　水浇地指标遥感解译标志

3. 旱地

旱地是没有灌溉设施、靠天然降水种植旱生作物的耕地。旱地一般位于丘陵或平原较高处及居民点旁边，无水源灌溉、地块较小、分割破碎、田埂相对不清晰。在遥感影像上显示，多呈浅褐、深褐相间，不规则或规则块状分布。光谱特征曲线反射率逐步增强，在短波红外波段有反射峰，但相邻段红外波段辐亮度有起伏。如图5-3所示。

 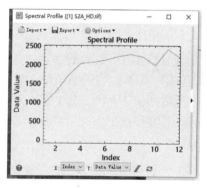

图 5-3　水浇地指标遥感解译标志

4. 油菜地

油菜地是指实行水生、旱生农作物轮种的耕地中，轮种的农作物为油菜的耕地。属于耕地的三级类。在进行土地利用调查与监测或自然资源监测中也划分为水田。与二级类水田类似，油菜地大部分分布于平原及沟谷地区，周围多有河流、路、渠等。在遥感影像上显示，色调均匀，生长季呈黄绿色，形状规整，纹理清晰，呈块状、连续成片分布等，但其边界不如种植水生农作物时清晰。光谱特征曲线与二级类水田类似，在黄绿波段有反射峰，红波段有吸收谷，近红外波段反射率相对较强。如图 5-4 所示。

 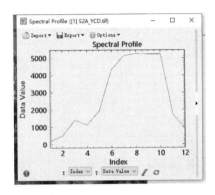

图 5-4　油菜地指标遥感解译标志

5.3　监测方法与技术流程

耕地资源调查监测包括数据收集与预处理、土地利用分类解译标志制作、土地利用分类、耕地信息获取及分析、成图制作等步骤，基本技术流程如图 5-5 所示。

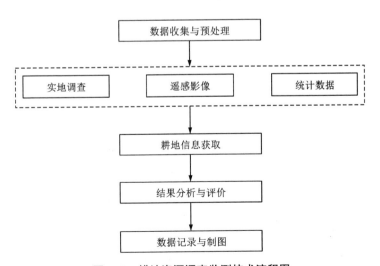

图 5-5　耕地资源调查监测技术流程图

5.3.1 数据收集与预处理

1.数据收集

耕地资源调查监测需收集高分遥感影像数据、实地调查数据、统计年鉴数据、土地利用类型数据、行政边界矢量数据，详细信息如表5-3所示。

表5-3 耕地资源调查监测数据及来源

数据名称	获取渠道	数据说明
高分遥感影像	中国资源卫星应用中心	提取遥感影像中的耕地信息
实地调查数据	实地测量及记录	测定指标或者为制作分类样本提供参考
统计年鉴数据	地方统计局	掌握研究区域耕地信息
土地利用类型数据	地理国情监测云平台	掌握研究区域土地利用类型信息
行政边界矢量数据	地理国情监测云平台	裁剪研究区域影像

2.预处理

由于实地测量数据与统计数据在处理过程与方法上存在差异，因此这里只对高分遥感影像进行预处理操作。

（1）辐射定标

辐射定标是将传感器记录的电压或数字量化值转换为绝对辐射亮度值（辐射率）的过程，或者转换为与地表（表观）反射率、表面（表观）温度等物理量有关的相对值的处理过程。按不同的使用要求或应用目的，可以分为绝对定标和相对定标。绝对定标是通过各种标准辐射源，建立辐射亮度值与数字量化值之间的定量关系，如对于一般的线性传感器，绝对定标通过一个线性关系式完成数字量化值与辐射亮度值的转换：

$$L_\lambda = \text{gain} \times DN + \text{offset} \tag{5-1}$$

辐射亮度值 L_λ 常用的单位为 W/（m^2·sr）。

相对定标则指为了校正传感器中各探测元件响应度差异而对卫星传感器测量得到的原始亮度值进行归一化处理。

（2）大气校正

大气校正的目的是消除大气和光照等因素对地物反射的影响，获得地物反射率、辐射率、地表温度等真实物理模型参数，以及消除大气中水蒸气、氧气、二氧化碳、甲烷和臭氧等对地物反射的影响，消除大气分子和气溶胶散射的影响。大多数情况下，大气校正的同时也是反演地物真实反射率的过程。目前，遥感图像的大气校正方法很多，这些校正方法按照校正后的结果可以分为绝对大气校正和相对大气校正两种。

绝对大气校正：是将遥感影像的 DN 值转换为地表反射率、地表辐射率和地表温度的方法。常见的绝对大气校正方法有基于辐射传射模型的 MORTRAN 模型、LOWTRAN 模型、ATCOR 模型和 6S 模型等，以及基于简化辐射传输模型的黑暗像元法、基于统计学模型的反射率反演。

相对大气校正：校正后得到的图像上相同的 *DN* 值表示相同的地物反射率，其结果不考虑地物的实际反射率。常见的相对大气校正法有基于统计的不变目标法和直方图匹配法等。

（3）几何校正

图像几何变形一般分为两大类：系统性变形和非系统性变形。系统性变形一般由传感器本身引起，有规律可循和可预测性，可以用传感器模型来校正，卫星地面接收站已经完成这项工作；非系统性变形是不规律的，它可以是传感器平台本身的高度、姿态等不稳定引起的，也可以是地球曲率及空气折射的变化以及地形的变化等引起的。我们常说的几何校正就是消除这些非系统性几何变形。

几何校正是利用地面控制点和几何校正数学模型来校正非系统因素产生的误差，也是将图像投影到平面上，使其符合地图投影系统的过程；由于校正过程中会对坐标系统赋予图像数据，所以此过程产生了地理编码。

（4）裁剪

图像裁剪的目的是将研究之外的区域去除。常用方法是按照行政区划边界或自然区划边界进行图像裁剪。在基础数据产生中，还要经常进行标准分幅裁剪。按照 ENVI 的图像裁剪过程，可分为规则裁剪和不规则裁剪。

规则分幅裁剪是指裁剪图像的边界范围是一个矩形，这个矩形范围获取来源包括行列号、左上角和右下角两点坐标、图像文件、ROI/矢量文件。

不规则分幅裁剪是指裁剪图像的外边界范围是一个任意多边形。这个任意多边形可以是事先生成的完整的闭合多边形区域，也可以是手工绘制的 ROI 多边形，还可以是 ENVI 软件支持的矢量文件。

5.3.2　监测指标处理

根据表 5-2 所示耕地资源调查监测指标体系，以下对指标的计算和确定进行说明，部分定性指标获取和确定详情见 5.2.1 节。

1. 基本特征

耕地面积可通过现场测量和遥感估算获取。

现场测量：土地形状规则时，通过测量耕地长和宽计算土地面积；土地面积小且不规则时，将其划分成一些三角形，用海伦公式计算出每个衔接三角形的面积，再将各面积相加，海伦公式表述如下：

假设平面内，有一个三角形，边长分别为 a、b、c，三角形的面积 S 可由以下公式求得：

$$S = \sqrt{p(p-a)(p-b)(p-c)} \tag{5-2}$$

式中，p 为半周长：$p = \dfrac{a+b+c}{2}$.

遥感估算：根据土地利用分类结果获取耕地像元数 n，使用影像空间分辨率为 $a \times b$，则土地面积为 $S = abn$，此处需要注意单位换算。

耕地种类、耕地分布、耕地范围、地形部位和权属性质为定性数据，海拔高度使用 GPS 测量仪即可测量，此处不再详细讨论。

2. 专项特征

（1）质量等级

耕地质量等级划分是从农业生产角度出发，运用综合指数法对耕地地力、土壤健康状况和田间基础设施构成的满足农产品持续产出和质量安全的能力进行评价划分出的等级，具体流程见图5-6。

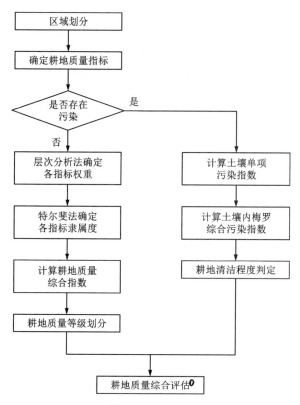

图5-6　耕地质量等级划分流程图

①层次分析法是将与决策相关的元素分解成目标、准则和方案等层次，在此基础之上进行定性和定量分析的决策方法。

②特尔斐法是采用背对背的通信方式征询专家小组成员的预测意见，通过几轮征询，使专家小组的预测意见趋于集中，最后做出符合发展趋势的预测结论。

③土壤单项污染指数是土壤污染物实测值与土壤污染物质量标准的比值。

④内梅罗综合污染指数反映了各污染物对土壤的作用，同时突出了高浓度污染物对土壤环境质量的影响。

$$P_N = \left\{ \left[(PI_{均})^2 + (PI_{最大})^2 \right] /2 \right\}^{1/2} \tag{5-3}$$

式中，P_N 是内梅罗污染指数，$PI_{均}$ 和 $PI_{最大}$ 分别是单项污染指数的平均值和最大值。

（2）作物产量

作物产量目前可以根据统计资料和遥感估算获得。

统计资料：在粮食产量的计算上，谷物、豆类一律按脱粒、晒干后的原粮计算产量；薯类则以鲜薯重量的20%核算产量。粮食产量的计量单位为公斤、吨。

遥感估算：目前许多学者开展了使用遥感方法进行农作物估产的研究，选择的模型因人而异，这里介绍一种顾及多参数的冬小麦遥感估产方法，其技术流程如图5-7所示。

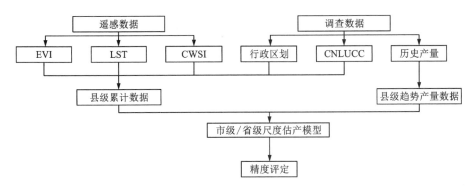

图 5-7　遥感估产技术流程

EVI(增强型植被指数)，继承 NDVI 可监测植被生长状态的优点，并改善了其受高植被地区饱和、大气校正不彻底和土壤背景影响产生的问题。

$$EVI = G\frac{NIR-R}{NIR+C_1R-C_2B+L} \tag{5-4}$$

式中，R、NIR、B 分别为红波段、近红外波段和蓝波段反射率，L 为增益系数，G 为比例系数，C_1 为大气修正红光校正参数，C_2 为大气修正蓝光校正参数。

CWSI(作物水分胁迫指数)可以反映植被不同生长状况下蒸腾量的变化和生长环境的干旱程度：

$$CWSI = 1-\frac{ET}{PET} \tag{5-5}$$

式中，ET 为实际蒸腾量，PET 为潜在蒸腾量。

(3)酸碱度

土壤酸碱度使用酸度计进行测定，可直接读取 pH，无须计算，具体步骤如下：

进行仪器校准后，称取通过 2 mm 孔径筛的风干试样 10 g(精确至 0.01 g)于 50 mL 高型烧杯中，加去除 CO_2 的水 25 mL，用搅拌器剧烈搅拌 2 min，放置 30 min 后进行测定；将 pH 玻璃电极插入试样悬液中，电极探头浸入液面下悬浊液垂直深度的 1/3~2/3 处，轻轻摇动试样，待读数稳定后，记录 pH。

(4)盐渍化程度

土壤盐渍化程度主要是根据土壤水溶性含总量、氯化物盐含量、硫酸盐含量及农田出苗程度综合判定。

土壤水溶性含盐总量测定：

土壤样品与水按一定的水土比例(质量比 5∶1)混合，经过一定时间(3 min)振荡后，将土壤中可溶性盐分提取到溶液中，然后对水土混合液进行过滤，滤液可作为土壤可溶性盐分测定的待测液。吸取一定量的待测液，经蒸干后，称得的重量即为烘干残渣总量。将此烘干残渣总量再用过氧化氢去除有机质后，称其质量即得水溶性含盐总量，计算公式如下：

$$v = \frac{(m_1 - m_0) \times D \times 1000}{m} \tag{5-6}$$

式中，v 为水溶性含盐总量，g/kg；m 为称取风干试样质量，g；m_1 为蒸发皿+盐的烘干质量，g；m_0 为蒸发皿烘干质量，g；1000 表示换算成每千克含量；D 为分取倍数。

土壤氯离子含量测定：

在 pH 5.5~10.0 的溶液中，以铬酸钾作指示剂，用硝酸银标准溶液滴定氯离子。在等当点前，银离子首先与氯离子作用生成白色氯化银沉淀，而在等当点后，银离子与铬酸根离子作用生成砖红色铬酸银沉淀，示达终点。由消耗硝酸银标准溶液量计算出氯离子含量，计算公式如下：

$$c(\text{Cl}^{-1}) = \frac{c \cdot (V - V_0) \cdot D}{m} \times 1000 \times 0.0355 \tag{5-7}$$

式中，$c(\text{Cl}^{-1})$ 为氯离子浓度，g/kg；V 和 V_0 分别为滴定待测液和空白消耗硝酸银标准溶液的体积，mL；c 为硝酸银标准溶液浓度，mol/L；D 为分取倍数；1000 为换算成每千克含量；m 为称取试样质量，g；0.0355 为氯离子的毫摩尔质量。

土壤硫酸根离子含量测定：

在土壤浸出液中加入钡镁混合液，Ba^{2+} 将溶液中的 SO_4^{2-} 完全沉淀并过量。过量的 Ba^{2+} 和加入的 Mg^{2+}，连同浸出液中原有的 Ca^{2+}、Mg^{2+}，在 pH 为 10.0 的条件下，以铬黑 T 为指示剂，用 EDTA 标准溶液滴定，由 SO_4^{2-} 净消耗的 Ba^{2+} 量，计算吸取的浸出液中 SO_4^{2-} 量。添加一定量的 Mg^{2+}，可使终点清晰。为了防治 BaCO_3 沉淀生成，土壤浸出液必须酸化，同时加热至沸以除去 CO_2，并趁热加入钡镁混合液，以促进 BaSO_4 沉淀熟化。计算公式如下：

$$c(\text{SO}_4^{2-}) = \frac{2c(V_0 + V_1 - V_2)D}{m} \times 1000 \times 0.0480 \tag{5-8}$$

式中，$c(\text{SO}_4^{2-})$ 为硫酸根离子浓度，g/kg；c 为 EDTA 标准溶液浓度，mol/L；m 为称取试样质量，g，D 为分取倍数；V_0 为空白试样所消耗 EDTA 标准溶液体积，mol/L；V_1 为滴定待测液中的 Ca^{2+}、Mg^{2+} 所消耗的 EDTA 标准溶液体积，mL；V_2 为滴定待测液中的 Ca^{2+}、Mg^{2+} 及与 SO_4^{2-} 作用后剩余钡镁混合液中 Ba^{2+}、Mg^{2+} 所消耗的 EDTA 标准溶液体积，mL；1000 为换算成每千克含量，0.0480 为 1/2 倍的 SO_4^{2-} 的毫摩尔质量。

其余指标为定性指标或无须计算指标，这里不再详细讨论。

5.3.3　监测成果类型

针对监测获得的指标数据，经过处理可以得到相关的专题图、面积报表、耕地质量等级情况表、区域耕地质量等级统计图。

（1）耕地资源分布图

在土地利用分类的基础上，提取耕地信息，可制作耕地资源分布图，如图 5-8 所示。

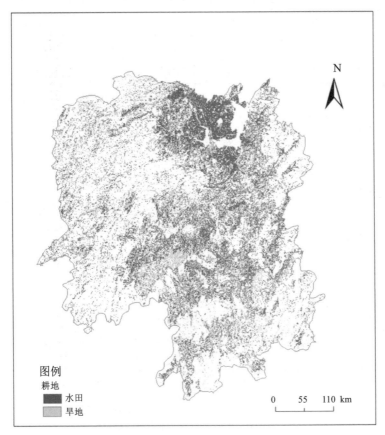

图 5-8　湖南省 2015 年耕地资源分布图

(扫本章二维码查看彩图)

(2)地类面积报表(只列举农用地部分,见表 5-4)

表 5-4　土地分类面积表

单位	农用地					共计
	耕地	园地	林地	牧草地	其他农用地	
××单位						
……						
××单位						
合计						

(3)耕地质量等级情况表(表 5-5)

表 5-5 2019 年全国耕地质量等级面积比例及主要分布区域

耕地质量等级	面积/亿亩	比例/%	主要分布区域
一等地	1.38	6.82	东北区、长江中下游区、西南区、黄淮海区
二等地	2.01	9.94	东北区、黄淮海区、长江中下游区、西南区
三等地	2.93	14.48	东北区、黄淮海区、长江中下游区、西南区
四等地	3.50	17.30	长江中下游区、东北区、西南区、黄淮海区
五等地	3.41	16.86	长江中下游区、东北区、西南区、黄淮海区
六等地	2.56	12.65	长江中下游区、西南区、东北区、黄淮海区、内蒙古及长城沿线区
七等地	1.82	9.00	西南区、长江中下游区、黄土高原区、内蒙古及长城沿线区、华南区、甘新区
八等地	1.31	6.48	黄土高原区、长江中下游区、内蒙古及长城沿线区、西南区、华南区
九等地	0.70	3.46	黄土高原区、内蒙古及长城沿线区、长江中下游区、西南区、华南区
十等地	0.61	3.01	黄土高原区、黄淮海区、内蒙古及长城沿线区、华南区、西南区

注：1 亩 ≈ 666.7 m²。

（4）区域耕地质量等级统计图（图 5-9）

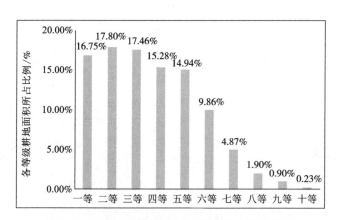

图 5-9 2019 年东北区耕地质量等级比例分布图

5.4 监测实例

选择湖南省长沙县为研究区域，收集相关数据，开展耕地资源油菜地监测，梳理油菜地面积及空间分布特征。实验流程如图 5-10 所示。

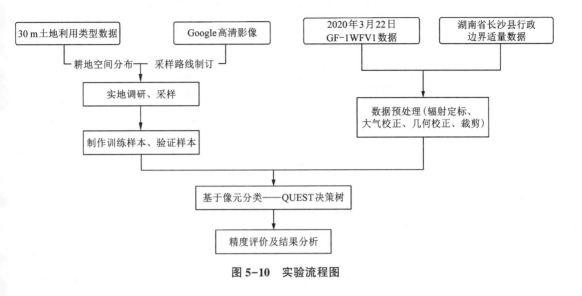

图 5-10　实验流程图

实验使用 QUEST 决策树对遥感影像进行分类。

决策树是机器学习中常见的算法,它具有天然的可解释性,但决策树算法产生的树模型往往过于复杂,这使得其在训练样本中表现很好而在测试数据中却不能很好地拟合数据,即易产生过拟合现象。常见的决策树自动阈值算法有 CART、C4.5、CHAID、QUEST 和 CRUISE 等算法。本研究基于 ENVI5.3 软件 Rule Gen 扩展工具自动构建决策树,采取的算法是 QUEST(quick, unbiased, efficient statistical tree)决策树算法。

QUEST 算法是 1997 年 Loh 和 Shih 提出的一种决策树算法。该算法的分割点确定与变量选择是分开的。该算法使用卡方检验方法进行变量选择,选择对应 p 值最小且小于显著性水平的特征变量作为最佳分类变量。在确定分割点时,首先计算最大判别坐标,将分类变量转为连续变量,再通过二次判别分析(QDA)确定分割点位置,从而实现分类。

5.4.1　监测区概况

湖南省长沙县自古就有"三湘首善"之称,位于湖南省东部偏北,湘江下游东岸,地处 112°56′15″E 和 113°36′00″E 之间,27°54′55″N 和 28°38′55″N 之间,总面积约 1756 km²。长沙县地理位置优越,地处长株潭"两型社会"综合配套改革试验区的核心地带,不仅是全国 18 个改革开放典型地区之一,还入选了 2019 年全国综合经济竞争力十强县(市),也是全国首批国家级现代农业创新示范区。

长沙县地处东亚季风区,属亚热带湿润气候,气候温和,四季分明,多雨期与高温期一致,生长期漫长,气候十分适于农业生产。2019 年,长沙县农作物总播种面积约 184.9 万亩,高标准农田累计约 37.8 万亩。由表 5-6 可知,2019 年,湖南省的油菜田占地面积约 124.1 万 hm²,油菜籽年产量约 208 万 t。长沙县的油菜田占地约 8530 hm²,油菜籽年产量约 14081t,油菜籽年产量约 1.41 万 t。从 2015 年到 2019 年,湖南省和长沙县的油菜种植面积皆大致呈上涨趋势,但涨幅不大。

表 5-6　湖南省长沙县油菜种植情况

年份	长沙县		湖南省	
	面积/10^3hm²	产量/t	面积/10^3hm²	产量/万 t
2019	8.53	14081	1241	208
2018	8.53	14848	1222	204.2
2017	8.5	14080	1189	195.7
2016	8.3	13750	1307	210.57
2015	8.3	13125	1315	210.8

5.4.2　数据获取

收集的数据包括 GF-1 卫星数据、野外调查数据、统计年鉴数据、土地利用类型数据、行政边界矢量数据，另外还需用到 RuleGen 工具。详细信息如表 5-7 所示。

表 5-7　耕地资源调查监测数据及来源

数据名称	时间范围	获取渠道	数据说明
GF-1 卫星遥感影像	2021.3.22	中国资源卫星应用中心	进行实验的基础
野外调查数据	—	实地测量及记录	为制作训练及验证样本做参考
统计年鉴数据	2016-2020	地方统计局	掌握研究区域耕地信息
土地利用类型数据	2020	地理国情监测云平台	掌握研究区域土地利用类型信息
行政边界矢量数据	—	地理国情监测云平台	裁剪影像
RuleGen 工具	—	ENVIIDL 技术殿堂	决策树分类

数据说明：

（1）遥感数据

综合考虑可获取性、云量和油菜花期等影响因素，本研究选用来源于中国资源卫星应用中心成像时间为 2021 年 3 月 22 日 GF-1 卫星 WFV1 Level 1A 影像。GF-1 卫星 WFV1 传感器参数如表 5-8 所示。

表 5-8　GF-1 卫星 WFV1 传感器参数

相机	波段	波长范围/μm	空间分辨率/m	幅宽/km	重访时间/天
多光谱分辨率	1 蓝	0.45-0.52	16	800	2
	2 绿	0.52-0.59	16	800	2
	3 红	0.63-0.69	16	800	2
	4 近红外	0.77-0.89	16	800	2

(2)实地调查数据

遍历长沙县下辖江背镇、果园镇、黄兴镇等 13 个乡镇，于 2021 年 4 月 14 日至 4 月 17 日在作物种植区进行 GPS 采样，野外调查样本分布如图 5-11 所示。由于油菜、水田、园地(菜地、果园、茶园)光谱特征相似，在遥感影像上不易目视区分，因此野外调查主要采集这三种地物信息，其中油菜样点 65 个，水田样点 67 个，绿地样点 44 个。采样完成后，利用 Google Earth 影像校正采样点的位置，并结合 Google 高清影像获取油菜、水田、绿地种植区的面状矢量数据作为训练样本和验证样本。此外，根据高分辨率影像目视解译获取建成区、裸地、水体、林地 4 类地物面状矢量数据，将其作为训练样本，并选取一部分作为精度评定数据。

根据野外实地调查可知，湖南省长沙县在 3 月左右的耕地作物是未耕种的水田、油菜、园地(茶园、果园、蔬菜)。

将所有数据存储在根目录下的/IMNR/Plough/Data。

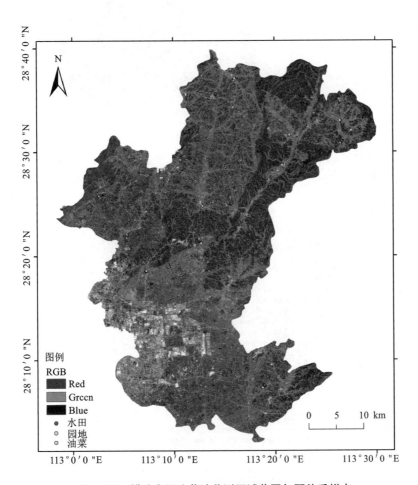

图 5-11　耕地资源油菜地监测区域范围与野外采样点

(扫本章二维码查看彩图)

5.4.3 数据处理

(1)在 ENVI 软件中打开待处理 GF-1 影像

点击 File > Open as > CRESDA > GF-1，选择"/IMNR/Plough/Data/GF-1/＊.xml"文件，自动读取影像数据并进行波段排序后显示在当前窗口，如图 5-12 所示。

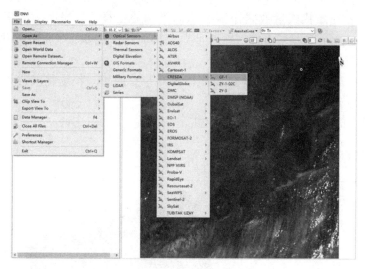

图 5-12　打开 GF-1 影像

(2)辐射定标

在 ENV1 工具箱中查找工具并选择：/Radiometric Correction/Radiometric Calibration，如图 5-13 所示。

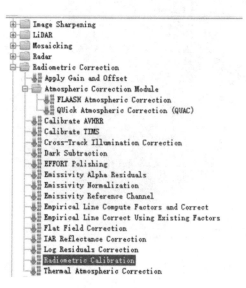

图 5-13　Radiometric Calibration 工具

选择待处理影像，如图 5-14 所示。

图 5-14　选择需要辐射定标的影像

进行参数设置并设置输出路径，如图 5-15 所示。

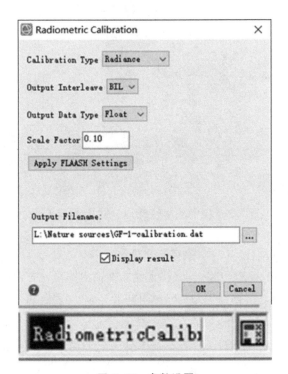

图 5-15　参数设置

（3）大气校正

在 ENV1 工具箱中查找工具并选择：/Radiometric Correction/Atmospheric Correction Module/FLAASH Atmospheric Correction，弹出 FLAASH Atmospheric Correction Model Input Parameters 对话框，根据影像数据相应信息进行大气校正的参数设置，如图 5-16 所示。

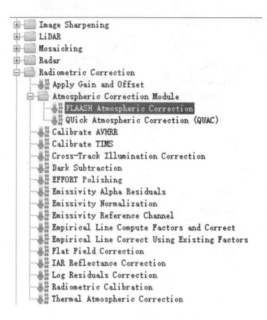

图 5-16　FLAASH 大气校正工具

Input Radiance Image 参数设置：选择辐射定标后的文件，在弹出的 Radiance Scale Factors 面板中，选择 Use single scale factor for all bands，使用默认参数即可，单击 OK，如图 5-17 所示。

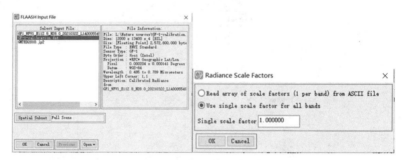

图 5-17　选择大气校正的辐射比例因子

Output Reflectance File：设置输出路径及文件名。

Output Directory for FLAASH Files：设置其他文件输出路径，或者输出到临时文件夹中。

设置影像中心经纬度、传感器参数、成像时间等，部分参数已自动识别，使用默认参数，如图 5-18 所示。

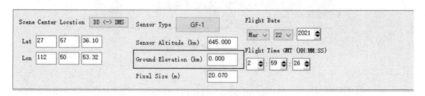

图 5-18　自动识别参数

Ground Elevation：File > Open World Data > Elevation，打开 ENVI 自带 DEM 数据，如图 5-19 所示。

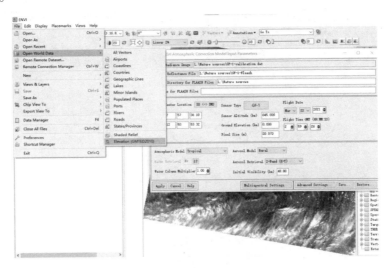

图 5-19　打开 DEM 数据

打开 Statistics > Compute Statistics，如图 5-20 所示。

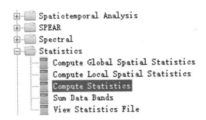

图 5-20　Compute Statistics 工具

设置统计对象及空间范围，如图 5-21 所示。

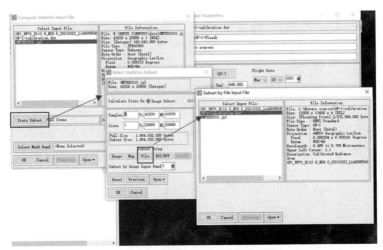

图 5-21　设置统计对象及空间范围

点击确定后，在 Stats Subset 中已经选择好统计的信息，再次点击 OK，进行统计，如图 5-22 所示。

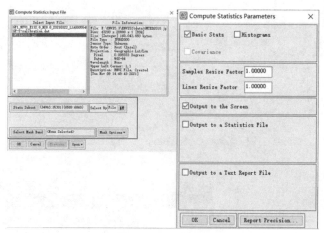

图 5-22　进行统计

统计好信息，海拔约为 0.2 km，如图 5-23 所示。

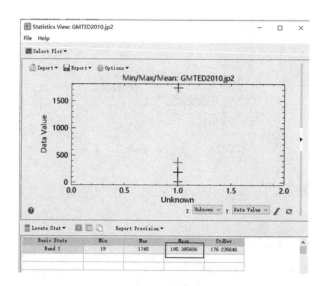

图 5-23　海拔信息

进行大气模型的选择，可以使用 Help 查询特定的大气模型，这里选择 MLS，如图 5-24 所示。

图 5-24　大气模型选择

气溶胶模型设置，如图 5-25 所示。

图 5-25　气溶胶模型设置

进行高级设置，如图 5-26 所示，其余使用默认设置。

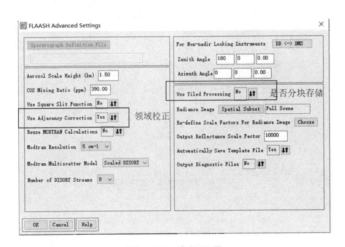

图 5-26　高级设置

设置完成后，点击 Apply，进行校正，如图 5-27 所示。

图 5-27　大气校正

加载大气校正后的影像，查询对比光谱曲线，如图 5-28 所示。

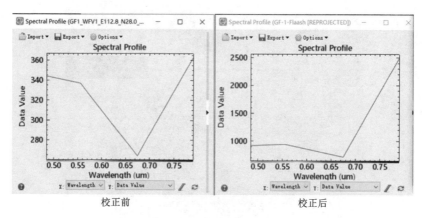

校正前　　　　　　　　　　　　校正后

图 5-28　光谱曲线对比

（4）几何校正

高分一号的 L1A 级包括了 RPC 文件，经过了辐射定标、大气校正等处理，ENVI 会自动将 RPC 嵌入处理结果中，可以在图层管理界面中辐射定标或者大气校正结果图层右键选 View metadata，RPC 选项就是嵌入的 RPC 文件。

在 ENVI 工 具 箱 中 选 择/Geometric Correction/Orthorectification/RPC Orthorectification Workflow 工具，如图 5-29 所示。

图 5-29　RPC Orthorectification Workflow 工具

选择大气校正后影像作为输入文件，DEM 使用 ENVI 自带 DEM，如图 5-30 所示。

图 5-30　影像选择

RPC Refinement 参数设置。打开 GCPs 面板，添加控制点，在 Export 面板设置输出路径，其余使用默认参数，如图 5-31 所示。

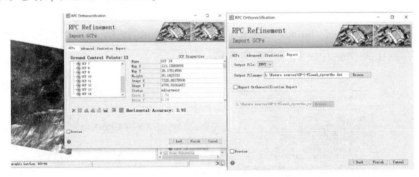

图 5-31　RPC Refinement 参数设置

使用/IMNR/Plough/Data/Landsat 8 OLI/中的遥感影像全色影像作为参考，几何校正前后对比，如图 5-32 所示。

图 5-32　几何校正对比

（扫本章二维码查看彩图）

（5）研究区域裁剪

将用于裁剪的长沙县行政区域矢量数据转换为 ROI 格式。在 Toolbox 中，打开 Regions of Interest /Vector Data from ROIs，在弹出的面板中选择/IMNR/Plough/Data/Changsha_county/行政区域矢量数据，在 Convert Vector to ROI 面板中使用默认设置，在 Select Base ROI Visualization Layer 面板中选择几何校正的结果影像，如图 5-33 所示。

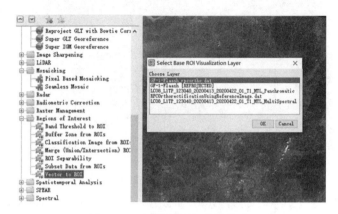

图 5-33　矢量数据转 ROI 格式

打开 Regions of Interest /Subset Data from ROIs，选择几何校正后的结果影像作为输入，选择 ROIs，设置输出路径后开始裁剪，如图 5-34 所示。

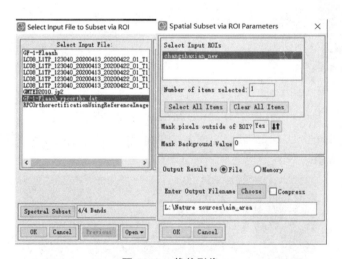

图 5-34　裁剪影像

裁剪结果如图 5-35 所示。

图 5-35　裁剪结果

（6）QUEST 决策树分类

制作样本。如图 5-36 所示，打开 ROI 工具，设置 ROI 名字与颜色，在遥感影像上选取训练样本和验证样本。

此处使用根据实地采集的样本信息和 Google Earth 高清影像，制作训练样本和验证样本。采集的地物类型包括水体、裸地、林地、人工建筑（包括房屋、道路等）、水田油菜和园地（包括茶园、果园、菜地）7 类，其样本像元数如表 5-8 所示。样本存储在/IMNR/Plough/Data/Sample 目录下。

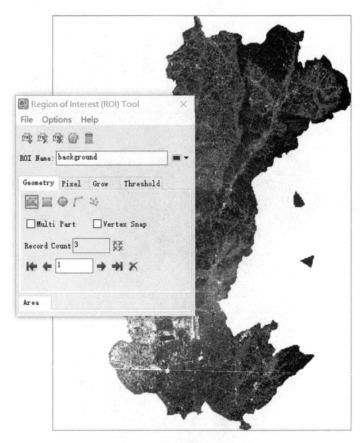

图 5-36　ROI 制作样本

表 5-8　训练样本和验证样本

地物类别	训练样本像元数/个	检验样本像元数/个
水体	1130	1147
裸地	2205	676
林地	3895	3034
人工建筑	10534	3394
水田	993	742
水田油菜	539	625
园地	379	742

此外在此基础上，制作影像背景值样本，一共八类样本，如图 5-37 所示。

图 5-37　八类样本

安装 Rule Gen 扩展工具。打开/IMNR/Plough/Data/RuleGen，将 cruise. exe、guide. exe、quest. exe 和 RuleGen. sav 拷贝到 ENVI 安装路径下的/classic/save_add，完成后重启 ENVI classic/Classification/Decision Tree，即可看到添加的 Rule Gen 工具，如图 5-38 所示。

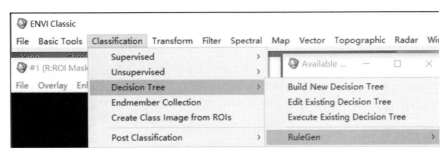

图 5-38　安装 Rule Gen 工具

打开待分类影像。

加载事先制作的训练样本/IMNR/Plough/Data/Sample/train＿roi. roi/Overlay/Region of Interest，打开 ROI 工具，点击 File/Restore ROIs，选择训练样本，完成后可在 ROI 工具面板看

见样本信息，同时样板展示在影像上，如图5-39所示。

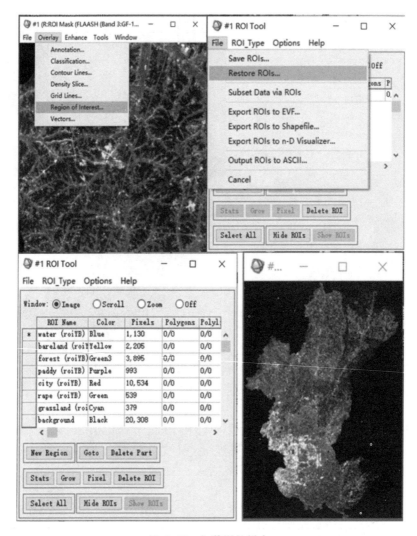

图5-39 加载训练样本

获取规则。点击Classification/ Decision Tree/RuleGen/Classifier，在面板中选择待分类影像，将加载的样本全部选中，设置输出路径。开始运行，完成后会自动退出ENVI软件，但还是会生成决策树工程文件，如图5-40所示。

图 5-40 获取规则

执行决策树。重启 ENVI classic，点击/Classification/ Decision Tree/Edit Existing Decision Tree，选择上一步生成决策树工程文件，等待片刻后 ENVI Decision Tree 中出现上一步获取的决策树规则，选择/Options/Execute，设置输出路径后执行决策树，如图 5-41 所示。

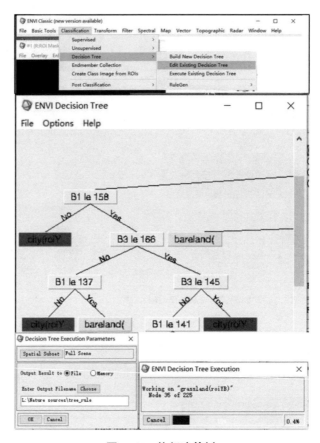

图 5-41　执行决策树

（7）精度评价。打开验证样本/IMNR/Plough/Data/Sample/validation_roi.roi，将其载入分类结果图层，如图 5-42 所示。

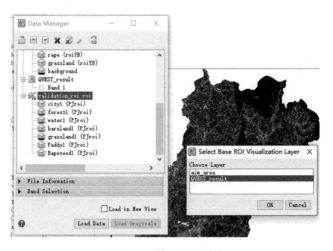

图 5-42　载入验证样本

打开/Classification/Post Classification/Confusion Matrix Using Ground Truth ROIs 工具，选择分类结果作为输入，在 Match Classes Parameters 面板中匹配样本，点击 OK 后得到混淆矩阵，如图 5-43 所示。

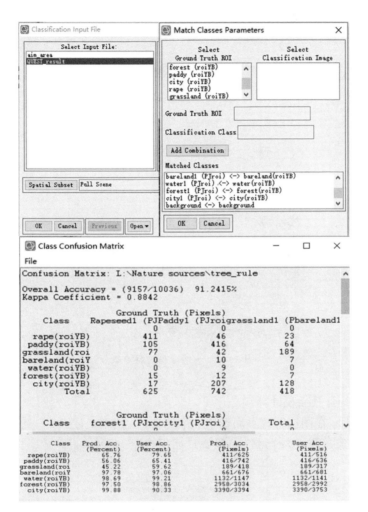

图 5-43　精度评价

由混淆矩阵可知，QUEST 决策树分类总体精度为 0.91，kappa 系数为 0.88，分类效果较好；就单一评价精度来看，油菜地的生产者精度为 0.66，用户精度为 0.80。

（8）土地覆盖信息提取。选择/Classification/ Decision Tree/Edit Existing Decision Tree，打开获取的决策树规则，选择 Options/Show Variable/File Pairings，单击第一列中的变量，全部替换为整个影像中对应的波段。点击 Execute，设置输出路径，执行决策树，得到最终的土地覆盖结果，如图 5-44 所示。

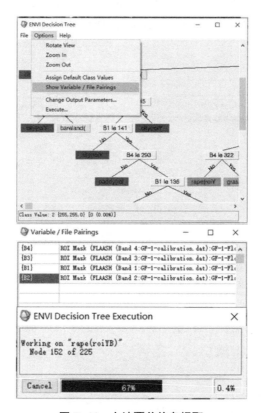

图 5-44　土地覆盖信息提取

（9）分类数据统计及面积计算。

如图 5-45 所示，在图层管理界面选中油菜地类别，使用统计工具，选择分类结果影像后进行统计，油菜地像元数量为 140372，换算成面积约为 35.94 km²。

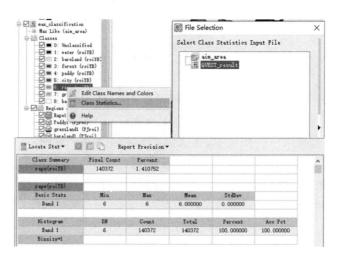

图 5-45　面积统计

（10）在 ArcGIS 中制作专题图。

5.4.4　结果分析

使用 QUEST 决策树对湖南省长沙县的耕地进行提取，得到的结果如图 5-46 所示。

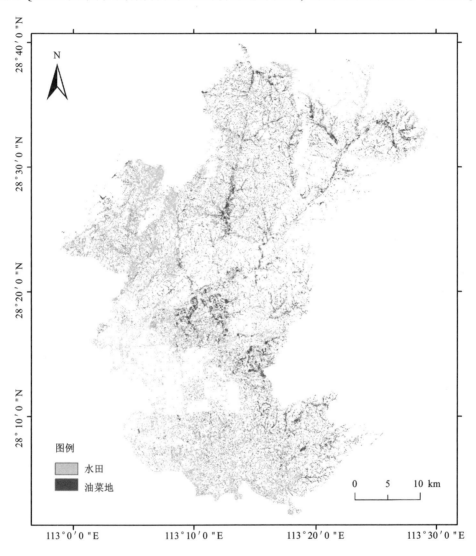

图 5-46　耕地提取结果

（扫本章二维码查看彩图）

（1）分类精度。使用 QUEST 决策树进行分类，总体精度为 0.91，kappa 系数为 0.88；就单一评价精度来看，油菜地的生产者精度为 0.66，用户精度为 0.80；水田的生产者精度为 0.56，用户精度为 0.65。

（2）空间分布。由图 5-46 可知，长沙县的耕地以水田为主，在开慧镇、福临镇、青山铺镇、路口镇、北山镇、安沙镇、果园镇、春华镇、黄花镇和黄兴镇都有较为集中的分布，且呈片状分布；油菜地主要分布在金井镇、开慧镇、福林镇和江背镇，大致呈带状分布。

（3）使用 ENVI 统计工具对耕地面积进行计算，使用影像的空间分辨率为 16 m×16 m，得到结果如表 5-9 所示：

表 5-9   长沙县耕地面积情况

名称	像元数/个	面积/km²	耕地面积占比/%	总面积占比/%
油菜地	140372	35.9	10.50	2.0
水田	1045628	267.9	78.38	15.3
总体	1346164	341.8	1	19.5

（4）油菜地属于耕地三级类别，使用遥感进行监测的基础是高分辨率遥感影像。同时，不同分类算法导致的结果差异较大，基于像元分类的方法存在一定的局限性，有兴趣的同学可以在课余时间使用面向对象的分类方法自由进行探索。

5.5   本章小结

耕地资源调查监测是要调查耕地资源状况，包括耕地种类、数量、质量、空间分布等，同时监测其动态变化情况。本章从耕地资源调查监测的必要性出发，系统阐述了调查监测体系的构建，并逐一对指标进行说明，介绍了遥感监测耕地资源的方法。在此基础上，以湖南省长沙县为研究区域，开展了油菜地提取工作。

第6章 湿地资源调查监测

扫码查看本章彩图

6.1 背景与目标

湿地是介于陆生生态系统和水生生态系统之间的过渡性地带，是地球上具有多种独特功能的生态系统，是以生长在湿地的植被，栖息在湿地中的动物、微生物及其环境为基础构成的有机整体，它不仅为人们的生产活动提供生存原材料，而且在维持地球生物多样性、大气净化与循环、土壤修复等涉及生态稳定方面都起了不可忽视的作用，被誉为"地球之肾、淡水之源、生态之基、储碳库"。

在全球气候变化与人类活动的共同影响下，近年来全球不少国家与地区湿地出现面积减少、质量下降等问题，对区域生态环境与可持续发展产生极不利影响。为有效保护珍贵的湿地资源，包括湿地国际联盟（WIUN）、联合国教科文组织（UNESCO）在内的多项国际公益组织共同开展了湿地的生态保护政策与举措制定。《关于特别是作为水禽栖息地的国际重要湿地公约》（以下简称《湿地公约》）提出各缔约国，确认人与其环境相互依存；考虑到湿地的基本生态功能是作为水文状况的调节者，是某种独特植物区系和动物区系，特别是水禽赖以存活的生境；深信湿地是一种具有重大经济、文化、科学和娱乐价值的资源，一旦丧失则不可弥补；希望制止目前和今后对湿地的蚕食，乃至丧失；确认水禽在季节性迁徙时可能会超越国界，因此，应将湿地视为一种国际资源；确信具有远见国家政策与协调一致的国际行动相结合，可以确保湿地及其动植物区系得到保护。

湿地资源调查是通过资料收集和外业调查等定量与定性相结合的手段，结合遥感技术、地理信息系统和全球定位系统技术，获得湿地资源的客观现状信息；湿地监测是对某一处湿地在一定时期内的状态和影响这些状态的要素的监测，定量获取监测要素的特征参数。湿地资源调查与监测的主要目的是掌握湿地资源的现状和动态，从而实现湿地资源保护、系统修复和综合治理。湿地资源调查与监测不仅是本国和本地管理湿地资源的基础性工作，也是履行国际公约的要求。

6.2 监测指标体系

湿地在国际公认的《湿地公约》中是指：天然或人工的、永久或暂时性的沼泽地、泥炭地或水域地带，静止或流动的淡水、半咸水、咸水水体，包括低潮时水深不超过6 m的水域，还可包括与湿地毗邻的河岸和海岸地区，以及不位于湿地内的岛屿或低潮时水深超过6 m的海洋水体。湿地包括近海及海岸湿地、河流湿地、湖泊湿地、沼泽湿地和人工湿地。湿地分类如表6-1所示：

表 6-1 湿地二级分类

一级类	二级类	含义
湿地	近海及海岸湿地	低潮时水深 6 m 以内的海域及其沿岸海水浸湿地带
	河流湿地	围绕自然河流水体而形成的河床、河滩、洪泛区，以及冲积而成的三角洲、沙洲等自然体的统称
	湖泊湿地	湖泊岸边或浅湖发生沼泽化过程而形成的湿地，包括湖泊水体本身
	沼泽湿地	地表经常或长期处于湿润状态，具有特殊的植被和成土过程。沼泽湿地包括沼泽和沼泽化草甸，是最主要的湿地类型
	人工湿地	人类为了利用某种湿地功能或用途而建造的，或对自然湿地进行改造而形成的湿地

湿地资源监测是调查湿地资源及其环境的现状，包括种类、数量、质量、空间分布等，对湿地资源进行动态跟踪，及时掌握其发生的变化。具体包括：①基础调查，即查清湿地的分布、范围、面积、权属性质等；②专项调查，即查清湿地类型、分布、面积，湿地水环境、生物多样性、保护与利用、受威胁状况等现状及其变化情况，全面掌握湿地生态质量状况及湿地损毁等变化趋势，形成湿地面积、分布、湿地率、湿地保护率等数据。每年发布湿地保护率等数据。为更好地实现草原资源调查监测，应对标《自然资源调查监测体系构建总体方案》，结合《第三次全国土地调查总体方案》，从基本特征和专项特征两方面开展指标体系的构建。

6.2.1 监测指标

湿地资源调查监测的主要监测指标包括基本特征和专项特征，其中基础特征包括湿地类型、面积、分布、湿地覆盖率、平均海拔、所属流域、水源补给状况、植物类型及其覆盖面积等。专项特征包括湿地水文与水环境、生物多样性、土壤、盐渍化程度、湿地保护率、受威胁状况、气象因子、淹没指数等。如表 6-2 所示。

表 6-2 湿地资源调查监测指标体系

类型	指标名称	指标说明
基本特征	湿地类型	湿地的具体类别
	湿地面积	描述湿地大小
	湿地分布	湿地的空间分布
	湿地覆盖率	湿地占整个国土面积的百分比
	平均海拔	描述湿地平均高程
	所属流域	一个水系的干流和支流所流过的整个地区
	水源补给状况	湿地的重要水文特征
	植被类型及其覆盖面积	湿地植被的种类及每种植被面积

续表6-2

类型	指标名称	指标说明
专项特征	水文与水环境	水的形成、分布和转化所处空间的环境。
	生物多样性	指一定区域内的物种丰富程度,可称为区域物种多样性
	土壤	湿地土质信息
	开发利用与受威胁程度	外在与内在威胁作用或潜在威胁因子
	气象因子	描述湿地的气象因素
	淹没指数	反映湿地水体淹没时间长短和次数
	外来入侵物种	外来入侵动植物特征与危害
	湿地主要功能和利用状况	生态功能与利用情况等

下面对部分基本特征和专项特征进行介绍:

1.基本特征

(1)湿地类型

湿地类型是指湿地分布形式及作物类型,可根据分类等级采用实地调查与遥感监测技术获取。湿地类型的划分包括基于光谱特征的湿地分类法、结合NDVI等量化指标的湿地分类法、利用季节差异的湿地分类法等。

(2)湿地面积

湿地面积用来描述湿地的大小情况。可通过遥感监测,结合野外调查、现场访问和收集最新资料,综合分析后建立遥感判读标志,然后根据统计方法进行计算。

(3)湿地分布

湿地分布主要是描述湿地的空间分布。从湿地的分布状况可以了解湿地的整体分布特点、地理区域差异等信息。

(4)平均海拔

平均海拔描述湿地的高程信息,是指以平均海平面高度作为高程基准面测定的地面或空中高度。

(5)所属流域

湿地所属流域特征包括流域面积、河网密度、流域形状、流域高度、流域方向或干流方向。

(6)水源补给状况

水源补给状况描述湿地水的补充来源与去向。不同的水源补给会对水体水质、水中浮游生物种类、浮游生物量产生不同的影响。

2.专项特征

(1)水文与水环境

水文与水环境监测对象是地表水,监测项目包括水位、地表水深、流速、流量,可基于水环境监测数据评估水质类别。

(2)生物多样性

生物多样性指一定区域内的物种丰富程度,可称为区域物种多样性。湿地生物多样性是评价范围内动植物种类、数量、分布、生存环境的指标，能反映湿地生态健康状况。

（3）土壤

湿地土壤质地状况包括土壤类型、泥炭厚度、土壤 pH、有机质、土壤含水量、全氮、全磷、全钾、土壤容重、重金属。

（4）开发利用与受威胁状况

必测指标包括湿地内常住人口数量、社会经济状况、日游客数量、农业生产、渔业捕捞、养殖业、水资源利用、基础设施建设以及其他禁止性行为等。对湿地的威胁主要来自盲目开垦和改造、生物资源大量丧失或退化、环境污染、水土流失日益严重、水资源的不合理利用等。

（5）气象因子

气象因子是指影响其他事物发展变化的气象原因或条件，包括降水量、蒸发量、气温、地表温度、气温日较差、空气湿度。气象要素的监测通过建立微型气象站方法进行实时连续监测。

（6）淹没指数

淹没指数反映了湿地水体淹没时间长短和次数的关系，可用来评价发生洪涝灾害的可能性。

（7）外来入侵物种

监测项目包括外来入侵动植物的种类、数量、分布、危害程度。外来入侵动植物监测与湿地动植物监测相结合，监测时间与频率与动物多样性监测同步进行。

（8）湿地主要功能和利用状况

监测项目包括水资源、天然动植物水产品、人工养殖和种植的产品、航运、旅游疗养、体育运动、环境净化、调蓄等。通过专项调查及有关资料获取。

6.2.2 关键指标遥感解译标志

以湿地类型为关键指标，从遥感影像特征、地理相关分析标志、特征光谱曲线等方面建立指标目视解译标志。根据《湿地公约》和研究区湿地分布特点，对研究区（冬季）的水体、泥沙滩地、水稻田、芦苇滩地、防护林滩地进行分类。

1.水体

如图 6-1 所示，水体在真彩色、假彩色等显示的遥感影像上呈现为深浅不一的蓝色、蓝黑色；形状各异、大小不一；边界清晰等。其光谱曲线图呈现出先增后减的特征。

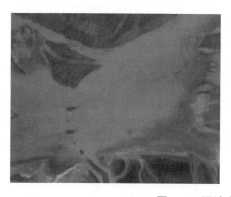 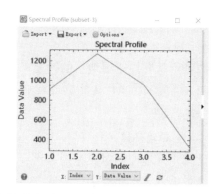

图 6-1　湿地水体遥感解译标志

2. 泥沙滩地

如图 6-2 所示，泥沙滩地在真彩色、假彩色等显示的遥感影像上呈现为浅灰色、蓝灰色；沿水体呈带状或环绕水体，局部呈片状，大小不一；边界清晰等。其光谱曲线图呈现出持续增加的特征。

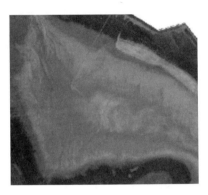
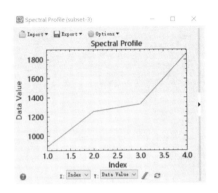

图 6-2　泥沙滩地遥感解译标志

3. 水稻田

如图 6-3 所示，水稻田在 R（b3）、G（b2）、B（b1）（真彩色、假彩色等）显示的遥感影像上呈现为绿色，几何形状较为明显，多呈长方形整齐排列，边界明显，附近常有水系分布。其光谱曲线图呈现出增-减-增的特征，存在一个波峰和一个波谷等。

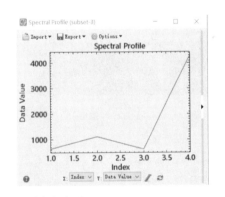

图 6-3　水稻田遥感解译标志

4. 芦苇滩地

如图 6-4 所示，芦苇滩地在 R（b3）、G（b2）、B（b1）（真彩色、假彩色等）显示的遥感影像上呈现为白色，片状或条带状，大小不一；边界有些清晰，有些不清晰。冬季 12 月已经刈割的芦苇地呈现为棕色、棕黄色，往往有规则的边缘。2 月已经刈割的芦苇地呈现为灰色、灰黑色，大多有规则的边界。其光谱曲线图呈现出增-增等特征。

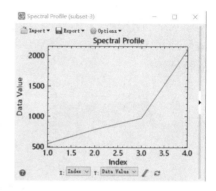

图6-4 芦苇滩地遥感解译标志

5.防护林滩地

如图6-5所示,防护林滩地在 R(b3)、G(b2)、B(b1)(真彩色、假彩色等)显示的遥感影像上呈现为蓝色黑,沿大堤或水体呈长条带状,宽度较为均一;边界有些清晰,有些不清晰。其光谱曲线图呈现出增–减–增等特征。

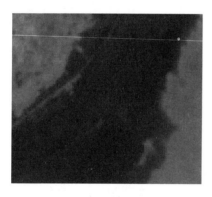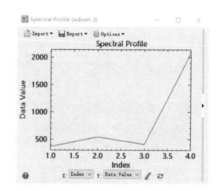

图6-5 防护林滩地遥感解译标志

6.3 监测方法与技术流程

湿地资源调查监测包括数据收集与预处理、湿地分类解译标志制作、土地利用分类、湿地面积提取及分析、成图制作等步骤,技术流程如图6-6所示。

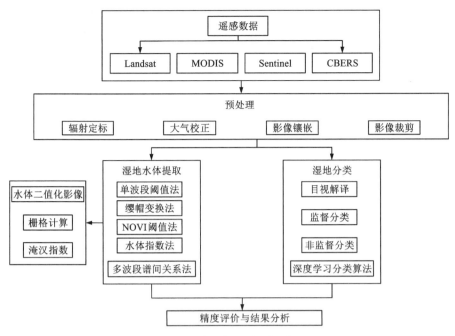

图 6-6　湿地资源调查监测技术流程图

6.3.1　数据收集与预处理

湿地资源调查监测需收集中高分辨率遥感影像数据、研究区矢量数据等。其可获取的影像数据及来源如表 6-3 所示。

表 6-3　湿地资源调查监测数据及来源

类型	名称	分辨率	重访周期	获取渠道
Landsat 系列	Landsat 8	30 m	16 天	https://earthexplorer.usgs.gov/
MODIS 系列	MOD09Q1	250 m	8 天	https://ladsweb.modaps.eosdis.nasa.gov/
Sentinel 系列	Sentinel-2	10 m/20 m/60 m	5 天	https://scihub.copernicus.eu/
CBERS 系列	CBERS-01/02	78 m	26 天	http://www.cresda.com/CN/index.shtml
MODIS 系列	MOD13Q1	250 m	16 天	https://ladsweb.modaps.eosdis.nasa.gov/

数据预处理环节包括辐射定标、大气校正、影像镶嵌、影像裁剪等，详细信息见5.3.1节，此处不再赘述。

6.3.2　监测指标处理

根据湿地资源调查监测指标体系(表 6-2)，对监测指标的计算和确定进行说明，部分定性指标的获取和确定详情见 6.2.1 节。

1.基本特征

湿地类型、分布为定性数据，结合相关数据，依照 6.2.1 节所述方法即可获取；湿地面积可通过遥感估算，基于监测的像元数量获得，计算方法见 5.3.2 节；湿地覆盖率可基于湿地面积比值计算；平均海拔高度使用 GPS 测量仪即可获得；湿地所属流域可基于流域划分数据得到；湿地水源补给状况可通过野外调查、现地访问和收集最新资料获取；植被类型及其覆盖面积通过遥感影像分类、三维激光点云（第 4 章）等方法获取，此处不做详细讨论。

2. 专项特征

（1）生物多样性

生物多样性可按照湿地生态质量评估规范中生物多样性指数计算公式（6-1）计算得到。

$$BI = (\frac{V_a}{V_{at}} + \frac{V_p}{V_{pt}}) \times 100/2 \qquad (6-1)$$

式中，BI 为生物多样性指数；V_a 为野生湿地脊椎动物种类数；V_p 为野生湿地维管束植物种类数；V_{at} 为野生湿地脊椎动物总数；V_{pt} 为野生湿地维管束植物总数。

多样性也可以在湿地斑块空间分布的基础上，参照香农多样性指数（Shannon's Diversity Index, SHDI）定义计算获取。香农多样性指数是一种基于信息理论的测量指数，该指标能反映景观异质性，特别对景观中各斑块类型非均衡分布状况较为敏感，即强调稀有斑块类型对信息的贡献。

$$SHDI = -\sum_{i=1}^{m} (P_i \cdot \ln P_i) \qquad (6-2)$$

式中，P_i 为湿地/湿地不同覆盖类别下斑块占该总面积或该类型总面积之比。SHDI = 0 表示整个景观仅由一个斑块组成；SHDI 增大，说明斑块类型增加或各斑块类型在景观中呈均衡化趋势分布。

（2）开发利用与受威胁程度

湿地的开发利用与受威胁程度与人类的社会经济活动密切相关。包括湿地内常住人口数量、社会经济状况、日游客数量、农业生产、渔业捕捞、养殖业、湿地资源利用情况、湿地环境状况等指标，这些指标可分别参考行政区统计年鉴、相关领域统计公报和调查监测数据获取。此外，为进行开发利用与受威胁程度的综合评价，常基于相关指标构建多级指标体系，采用层次分析法、特尔斐法、熵值法等确定各层级指标权重，综合评估。下面以熵值法为例，对湿地开发利用与受威胁程度指标处理过程进行简单介绍。

湿地开发利用与受威胁程度的计算需要逐级采用各项指标分值与对应权值的乘积加总，具体计算公式如下：

$$V_j = -\sum_{j=1}^{n} (W_j \cdot Y_{ij}) \qquad (6-3)$$

式中，Y_{ij} 为第 i 年份第 j 项指标的分值，W_j 是第 j 项指标的权重。

计算指标分值 Y_{ij}，首先需要将数据 X_{ij} 标准化处理为 X_{ij}^*，接着对指标分值进行计算，Y_{ij} 的计算方法如下式所示：

$$Y_{ij} = \frac{X_{ij}^*}{\sum_{i=1}^{m} X_{ij}^*} \qquad (6-4)$$

指标权重 W_j 通过熵值法计算。首先计算熵，熵用来衡量信息量的不确定性，一般而言，信息量越大，不确定性越小，信息量越小，不确定性越大。其计算公式如下：

$$e_j = -k\sum_{i=1}^{m} (Y_{ij} \cdot \ln Y_{ij}) \qquad (6-5)$$

式中，$k=1/(\ln m)$，m 是评价年数。

接着计算信息熵的冗余度 d_j，d_j 越大，说明指标 X_j 在综合评价中的重要性越强，其计算方法为：

$$d_j = 1 - e_j \tag{6-6}$$

指标权重的计算公式为：

$$W_j = \frac{d_j}{\sum_{i=1}^{m} d_j} \tag{6-7}$$

（3）淹没指数

淹没指数是指在整个研究期限内，某一位置被洪水淹没的时间与监测总时间的比值。水体的淹没指数能很好地反映湿地在空间上的变化状态，通过水体的淹没指数找出变化较为敏感的区域。

淹没指数可基于遥感水体提取结果计算。具体来说，首先基于水体指数阈值划分，提取水体分布。常用的水体指数包括归一化差分水体指数和改进型归一化差异水体指数。

归一化差分水体指数 NDWI 用特定波段对遥感影像进行归一化差值处理，以凸显影像中的水体信息。水体边缘的部分绿光波段与近红外波段的光谱特征有着明显差异，加上水体的反射作用，使得近红外波的吸收性较强，利用绿光波段与近红外波段的反差得到其 NDWI，从而突出水体特征。其计算方法见 2.3.2 节。

基于 NDWI 的改进型归一化差异水体指数 MNDWI，在水体信息提取中取得了较好的效果，可以较为容易地区分阴影和水体。其计算公式为：

$$MNDWI = \frac{GREEN - MIR}{GREEN + MIR} \tag{6-8}$$

式中，Green 为绿波段，MIR 为短波红外波段。

然后，将水体像元值设为 1，非水体像元值设为 0，计算多个监测时相的平均值即可得到淹没指数。

（4）湿地主要功能和利用状况

湿地的主要功能可根据生态系统服务分类中气候调节、水分供给、侵蚀控制与泥沙截留、土壤形成、养分循环、废物处理、生物控制庇护、食物生产等分类进行评估。从生态系统的基本原理及其与人类活动的交互关系等不同角度出发，湿地的主要功能评估方法包括物质量评估法、价值量评估法、能值评估法。

物质量评估法从湿地具体的生态系统机制出发，通过湿地生态系统提供的产品和服务物质量大小的收集、转换、计算等对其服务功能进行整体的评价。例如：采取土壤库持留法估算营养物质循环功能，保持生物多样性的栖息地供应量（各县特有、濒危和国家保护物种的总栖息地面积）等。

价值量评估法是从货币价值量角度对湿地生态系统服务功能价值开展定量评估的方法。在评估过程中，主要利用直接或间接两种经济学方式开展评价工作，即对湿地生态系统自身的价值进行评价和对生态系统服务变化产生的影响进行评价。例如：利用食物产品的产量变动来评估生态系统的食物供给服务价值，如利用土壤侵蚀量、生产力下降等的损失来估计水土保持服务功能等。

能值是指产品生产或服务形成过程中，以直接或间接形式使用的有效能量。能值评估法就是以能值为数学基础的湿地生态系统服务评估方法。能值分析是基于建立的能值指标体系，分析计算和评价湿地的不同生态系统服务功能。利用能值理论可用如下公式对湿地生态系统服务进行具体估算：

$$V_{em} = E_n \times t_E \text{ 或 } V_{em} = M \times t_M \qquad (6-9)$$

式中，V_{em} 是生态系统服务所包含的能值，E_n 为物质所含能量，t_E 是基于能量的能值转换率；M 是物质的能量，t_M 为基于物质的能值转换率。

湿地水文相关指标，如水位、地表水深、流速、流量等，水环境相关指标，如温度、色度、浊度、pH、电导率、悬浮物、溶解氧、化学需氧量和生化需氧量等，可分别基于水文监测站和水环境监测站监测得到，对于水环境宏观指标，如不透明度、叶绿素浓度、悬浮物浓度等，可参考 3.4 节技术方法遥感反演得到。湿地土壤指标，如 pH 等可参考 5.3.2 节检测方法获取，此外如全氮、全磷、全钾、重金属含量等，可分别参考《土壤环境监测技术规范》及相关规范检测得到。气象因子、外来入侵物种等，可参考 6.2.1 节，此处不再赘述。

6.3.3　监测成果类型

对监测获得的指标数据进行处理可以得到相关的专题图、面积报表、湿地质量等级情况表、区域湿地质量等级统计图。

（1）专题图

1）湿地空间分布图

在土地利用分类的基础上，提取湿地信息，可制作湿地空间分布图，如图 6-7 所示。

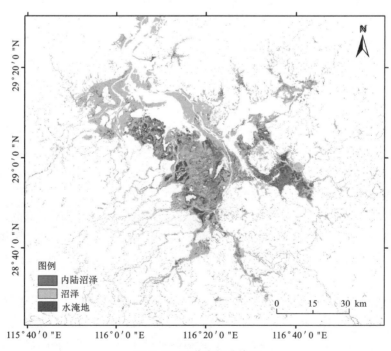

图例
内陆沼泽
沼泽
水淹地

0　15　30 km

图 6-7　湿地空间分布图

（扫本章二维码查看彩图）

2）淹没指数专题图

针对湿地资源调查监测淹没指数指标，形成淹没指数专题图成果，如图6-8所示。

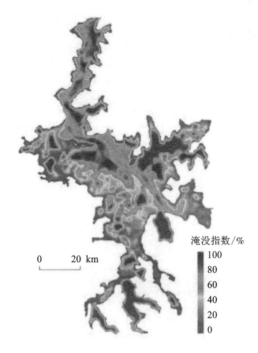

图6-8 淹没指数专题图

（引自《鄱阳湖水体淹没频率变化及其湿地植被的响应》，扫本章二维码查看彩图）

（2）湿地面积变化示意图

湿地面积变化示意图如图6-9所示。

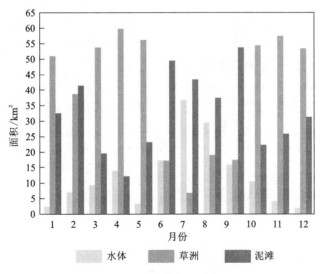

图6-9 湿地面变化示意图

（引自《基于Sentinel-1，2和Landsat 8时序影像的鄱阳湖湿地连续变化监测研究》）

（3）湿地生态质量评定指数表

湿地生态质量评定指数表如表6-4所示。

表6-4　湿地生态质量评定指数表

单位	湿地等级指数	湿地资源单位指数	湿地质量评定指数	湿地质量评定结果等级
××单位				
××单位				
××单位				

（4）湿地环境状况评估表

表6-5　湿地环境状况评估表

等级	Ⅰ级	Ⅱ级	Ⅲ级	Ⅳ级	Ⅴ级
水质状况	优	良	中	差	劣
污染状况	未污染	轻度污染	中度污染	重度污染	严重污染

6.4　监测实例

针对我国湿地保护面临的湿地面积减少、功能有所减退、受威胁压力持续增大、保护空缺较多等问题。以洞庭湖湿地为例，收集中高分辨率遥感影像数据，开展湿地资源调查监测，梳理研究区湿地类型、湿地面积变化情况等。

6.4.1　监测区概况

洞庭湖曾是中国的第一大淡水湖，素有"鱼米之乡"的美誉，盛期面积达6000 km²，但近百年来，在自然和人为活动的双重作用下，湖泊面积逐渐萎缩。洞庭湖位于长江中下游的荆江南岸，处于北纬27°39′~29°51′，东经111°19′~113°34′，横跨岳阳、湘阴、望城等地区，与资水、湘江、澧水及沅水相通，属于洪道型湖泊。受泥沙长期淤堵、筑堤建坝及围湖造田等活动的影响，洞庭湖的湖体逐渐支离破碎，如今主要分为东洞庭湖、西洞庭湖、南洞庭湖及大通湖。洞庭湖在丰水期中，多发洪涝灾害，而在枯水期，洞庭湖湖水面积快速萎缩，呈现"洪水一大片，枯水几条线"的特征。但是近年来在自然因素与人类活动的共同作用下，洞庭湖湖面日益萎缩，针对这一现象，利用具有时效性、大范围等优点的遥感手段监测洞庭湖湖水面积变化已经成为趋势，如图6-10所示。

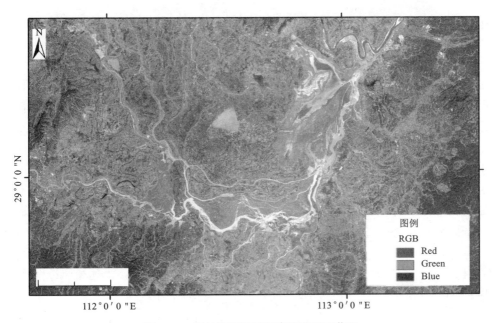

图6-10 湿地资源监测洞庭湖监测区范围

(扫本章二维码查看彩图)

6.4.2 数据获取

收集的数据类型包括 Landsat 系列、MODIS 系列、Sentnel 系列遥感影像数据，获取时间为 2019 年 11—12 月；数据说明与示意图分别见表 6-6 和图 6-11~图 6-13。

表6-6 湿地资源监测数据及来源

名称	分辨率	时相	来源
Sentnel-2	10 m	2019 年	https://scihub.copernicus.eu/
MOD09Q1	250 m	2019 年	https://ladsweb.modaps.eosdis.nasa.gov/
Landsat-9	30 m	2019 年	https://earthexplorer.usgs.gov/
MOD13Q1	250 m	2019 年	https://ladsweb.modaps.eosdis.nasa.gov/

图6-11 MODIS 影像数据

图6-12 Landsat 影像数据

图6-13 Sentinel-2 影像数据

6.4.3　数据处理

1. Sentinel-2 湿地分类

Sentinel-2 中的 1C 级数据需要进行辐射定标和大气校正，而 2A 级数据主要包含经过大气校正的大气底层反射率数据，其无需进行辐射定标与大气校正，故对于本章湿地分类实验可直接采用 2A 级数据。由于 ENVI 5.5 之前的版本无法直接打开 Sentinel 哨兵数据，故需先对下载的 Sentinel-2 遥感影像数据进行格式转换。

（1）Sentinel-2-2A 原始数据格式转换

用 ENVI 打开下载好的原始数据文件夹中的 . jp2 文件（不能用 classic 版本打开），将 . jp2 文件另存为 ENVI Standard 格式（注意：不要直接存为 tiff 格式，一定先存为 Envi Standard 格式，不然会丢失坐标信息），一般用到 2、3、4、8 波段。在 ENVI 工具箱中依次选 Raster Management > IDL > Layer Stacking，将转换后的 ENVI Standard 格式数据导入目标波段并进行波段合成。其中真彩色为 B4、B3、B2，假彩色为 B8、B4、B3。上述操作过程及结果如图 6-14~图 6-19 所示。

图 6-14　打开 . jp2 格式文件

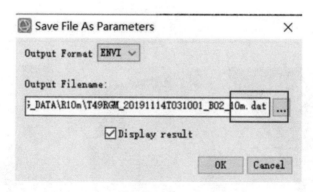

图 6-15　另存为 ENVI Standard 格式

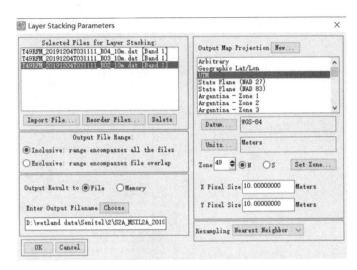

图 6-16　Layer Stacking 工具　　　　　　　　　图 6-17　波段合成

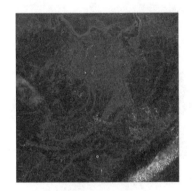

图 6-18　真彩色合成　　　　　　　　　　　图 6-19　假彩色合成
（扫本章二维码查看彩图）　　　　　　　　（扫本章二维码查看彩图）

（2）数据预处理（镶嵌、裁剪）

在 ENVI 软件 Toolbox 工具箱中，依次选择 Mosaicking > Seamless Mosaic，选取需要添加镶嵌的影像数据，通过控制图层的叠放顺序设置参考影像与矫正影像。在 Data Ignore Value 列表中，设置忽略值为 0，可以消除重叠区背景颜色。在 Color Correction 选项中，勾选 Histogram Matching（直方图匹配）> Overlap Area Only（重叠区直方图匹配）。选择下拉菜单 Seamlines > Auto Generate Seamlines，自动绘制接边线。在 Export 面板中，设置重样方法 Resampling method：Cubic Convolution，设置背景值 Output background Value，选择镶嵌结果的输出路径，单击 Finish 执行镶嵌。

点击 Regions of Interest > Subset Data from ROIs 选择镶嵌完成的影像数据，点击输入研究区矢量数据，设置输出路径，点击 ok。上述操作过程及结果如图 6-20~图 6-25 所示。

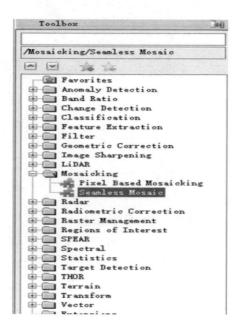

图 6-20　Seamless Mosaic 工具

图 6-21　添加影像数据

图 6-22　绘制边界线

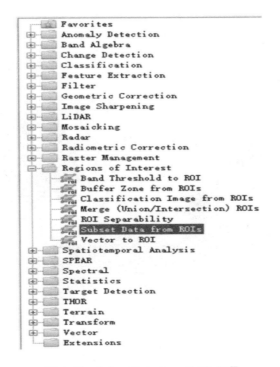

图 6-23　Subset Data from ROIs 工具

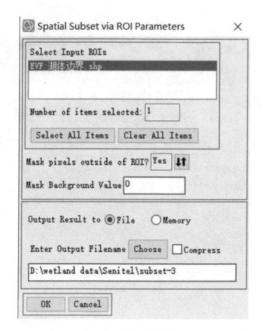

图 6-24 镶嵌

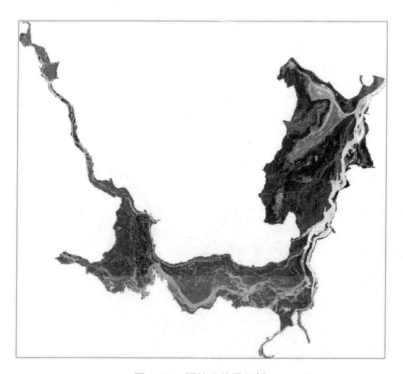

图 6-25 预处理结果示例

（3）基于支持向量机方法的湿地监督分类

支持向量机分类（support vector machine 或 SVM）是一种建立在统计学习理论（statistical learning theory 或 SLT）基础上的机器学习方法。SVM 可以自动寻找那些对分类有较大区分能力的支持向量，由此构造出分类器，可以将类与类之间的间隔最大化，因而有较好的推广性和较高的分类准确率。

利用 Sentinel-2-10 m 高分辨率遥感影像数据，结合 Google 遥感影像。根据《湿地公约》和研究区湿地类型分布特点将洞庭湖湿地分为水体、泥沙滩地、水稻田、芦苇滩地、防护林滩地。具体操作步骤如下：利用 ENVI 软件打开经过预处理的 Sentinel-2 遥感影像数据，在 Layer Manager 窗口右键点击该遥感影像，选择"New Region Of Interest"，打开 Region of Interest（ROI）Tool 面板，设置分类名称、分类标志的颜色等属性。重复上述步骤依次选取水体、泥沙滩地、水稻田、芦苇滩地、防护林滩地 5 种类别样本。计算样本的可分离性：在 Region of Interest（ROI）Tool 面板上，选择 Option > Compute ROI Separability，在 Choose ROIs 面板将几类样本勾选上，点击 OK；在图层管理器中，选择 Region of interest，右键点击 save as，保存为 .xml 格式的样本文件。操作过程及结果如图 6-26～图 6-30 所示。

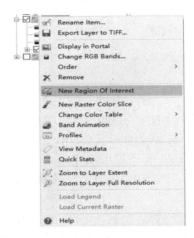

图 6-26　New Region Of Interest 面板

图 6-27　New Region Of Interest 面板 2

图 6-28　New Region Of Interest 样本选取结果

图 6-29　Compute ROI Separability

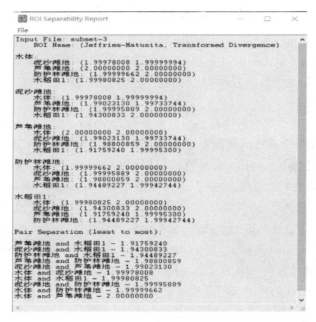

图 6-30　分离度计算结果

在 ENVI 工具箱中依次点击 Classification > Supervised > Support Vector Machine，选择分类图像。在 SVM 参数设置面板中，参数意义如下：

①Kernel Type 下拉列表里选项有 Linear、Polynomial、Radial Basis Function，以及 Sigmoid。如果选择 Polynomial，设置一个核心多项式（degree of kernel polynomial）的次数用于 SVM，最小值是 1，最大值是 6。如果选择 Polynomial 或 Sigmoid，使用向量机规则需要为 Kernel 指定 the Bias，默认值是 1。如果选择 Polynomial、Radial Basis Function 或 Sigmoid，需要设置 Gamma in Kernel Function 参数，这个参数是一个大于零的浮点型数据，默认值是输入图像波段数的倒数。

②Penalty Parameter：这个参数的值是一个大于零的浮点型数据，它控制了样本错误与分类刚性延伸之间的平衡，默认值是 100。

③Pyramid Levels：设置分级处理等级，用于 SVM 训练和分类处理过程。如果这个值为 0，将以原始分辨率处理；最大值随着图像的大小而改变。

④Pyramid Reclassification Threshold（0~1）：当 Pyramid Levels 值大于 0 时需要设置这个重分类阈值。

⑤Classification Probability Threshold：为分类设置概率阈值，范围是 0~1，默认是 0。

选择分类结果的输出路径及文件名。设置 Out Rule Images 为 Yes，选择规则图像输出路径及文件名。单击 OK 按钮执行分类。

分类后处理：应用监督分类或者非监督分类以及决策树分类，分类结果中不可避免地会产生一些面积很小的图斑。无论从专题制图的角度，还是从实际应用的角度，都有必要对这些小图斑进行剔除或重新分类，目前常用的方法有 Majority/Minority 分析、聚类处理（clump）和过滤处理（sieve）。Majority/Minority 分析采用类似卷积滤波的方法将较大类别中的虚假像元归到该类中，定义一个变换核尺寸，主要分析（majority analysis）用变换核中占主要地位（像元数最多）的像元类别代替中心像元的类别。如果使用次要分析（minority analysis)，将用变换核中占次要地位的像元的类别代替中心像元的类别。在 ENVI 工具箱选择 Classification > Post Classification > Majority/Minority Analysis，在弹出的对话框中选择分类影像。在 Majority/Minority Parameters 面板中，点击 Select All Items 选中所有类别，其他参数按照默认即可，然后点击 Choose 按钮设置输出路径，点击 OK 执行操作。

注意，参数说明如下：

①Select Classes：用户可根据需要选择其中几个类别。

②Analysis Methods 为 Minority：执行次要分析。

③Kernel Size 为核的大小，必须为奇数×奇数，核越大，则处理后的结果越平滑。

④中心像元权重(center pixel weight)。在判定变换核中哪个类别占主体地位时，中心像元权重用于设定中心像元类别将被计算的次数。例如：如果输入的权重为 1，系统仅计算 1 次中心像元类别；如果输入的权重为 5，系统将计算 5 次中心像元类别。权重设置得越大，中心像元分为其他类别的概率越小。

精度评价：常用的精度评价的方法有两种：一是混淆矩阵；二是 ROC 曲线。其中比较常用的为混淆矩阵，ROC 曲线可以用图形的方式表达分类精度，比较形象。真实参考源可以使用两种方式：一是标准的分类图；二是选择的感兴趣区(验证样本区)。选择混淆矩阵计算工具，选择 ENVI 工具箱中 Classification > Post Classification > Confusion Matrix Using Ground Truth ROIs，在弹出面板中选择分类后的影像，点击 OK。软件会根据分类代码自动匹配，如不正确可以手动更改，点击 OK 后选择混淆矩阵显示风格(像素和百分比)，再点击 OK，就可以得到精度报表。上述操作过程及结果示例如图 6-31~图 6-40 所示。

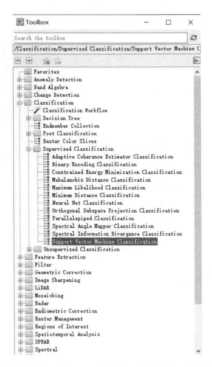

图 6-31　Support Vector Machine 工具

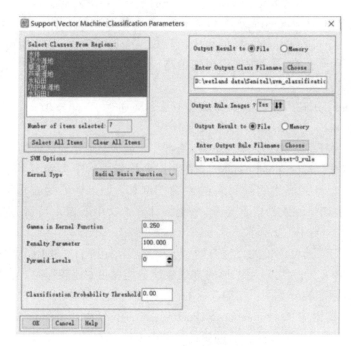

图 6-32　Support Vector Machine 面板

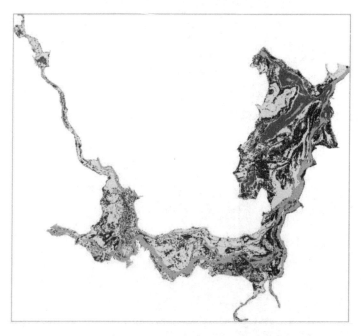

图 6-33　监督分离结果示例

图 6-34 **Majority/Minority Analysis** 工具

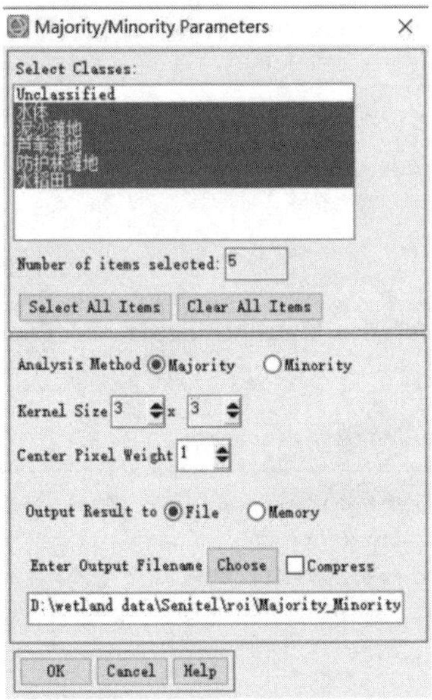

图 6-35 **Majority/Minority Analysis** 面板

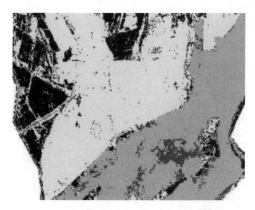

图 6-36 Majority/Minority Analysis 处理前示例
（扫本章二维码查看彩图）

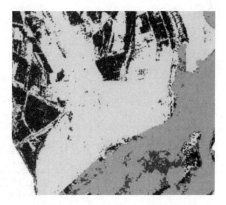

图 6-37 Majority/Minority Analysis 处理后示例
（扫本章二维码查看彩图）

图 6-38 Confusion Matrix Using Ground Truth ROIs 工具

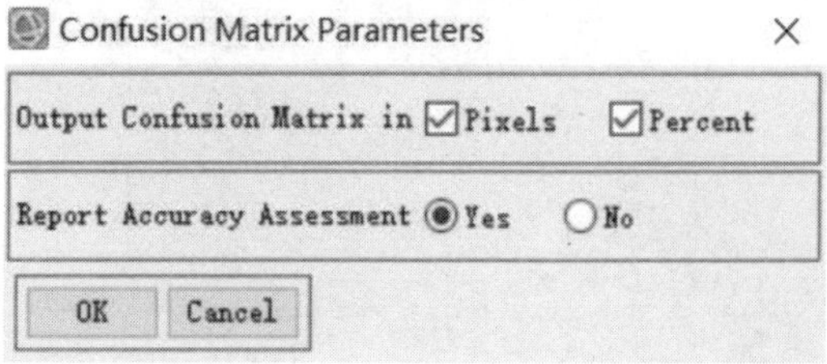

```
Confusion Matrix Parameters                    ×

Output Confusion Matrix in ☑Pixels    ☑Percent

Report Accuracy Assessment ◉Yes    ○No

    OK   Cancel
```

图 6-39 Confusion Matrix Using Ground Truth ROIs 面板

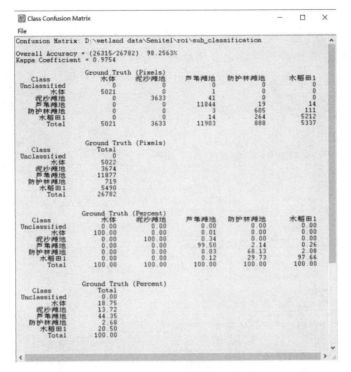

图 6-40　精度评价示例

2. 淹没指数计算

（1）MODIS 数据预处理：因为下载的 MODIS 数据为 hdf 文件，需要用 MRT 软件对其进行预处理。

说明 1：在安装 MRT 之前需要安装 JDK，检查自己电脑是否已经安装 JDK 的步骤可参考以下网址：

https://blog. csdn. net/Lincoln _ redwine/article/details/107654483？ utm _ medium = distribute. pc _ aggpage _ search _ result. none − task − blog − 2 ~ all ~ sobaiduend ~ default − 1 − 107654483. nonecase&utm_term = %E6%80%8E%E4%B9%88%E5%88%A4%E6%96%ADjava%E6%9C%89%E6%B2%A1%E6%9C%89%E5%AE%89%E8%A3%85%E7%9A%84%E4%B8%8A&spm = 1000. 2123. 3001. 4430

说明 2：JDK 安装流程可参考以下网址：

https://blog. csdn. net/qq_34256296/article/details/80451074

说明 3：MRT 安装流程可参考以下网址：

https://blog. csdn. net/gisboygogogo/article/details/75784080

利用 MRT 软件对 MODIS 影像进行重投影、格式转换，如图 6-41~图 6-43 所示。从数据文件夹中导入目标影像文件，根据需要选择相应的波段。针对本次实验 MOD09Q1 遥感影像数据，选择 b1 波段和 b2 波段，MOD13A1 遥感影像数据可以直接选择 ndvi 波段。其中需要注意的有以下三点：

①输出文件名末尾需要手动加上后缀名".tif"；

②输出像素大小根据输入文件进行修改，其中 MOD09Q1 遥感影像数据像素分辨率为

500 m，MOD13A1 遥感影像数据像素分辨率为 250 m；

③选择重采样方法(最邻近插值法)，选择输出投影类型(UTM)，然后点击 Run 运行。今后如需对多张 MODIS 影像进行拼接来覆盖整个研究区，则需要一次输入同一时间段不同条带 MODIS 数据，这样能够在实现投影的同时自动进行数据拼接镶嵌。

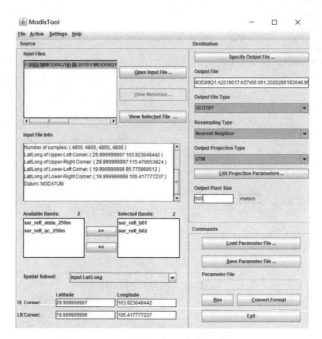

图 6-41 MRT 转换工具面板 1

图 6-42 MRT 转换工具面板 2

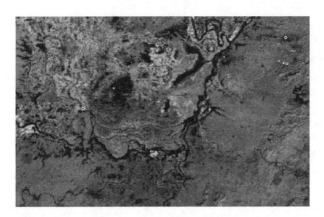

图 6-43 MRT 转换结果示例

使用 ENVI 软件打开转换后的 TIF 影像，点击 ENVI 工具箱 Raster Management > IDL > Layer Stacking 进行波段合成，如图 6-44～图 6-46 所示。

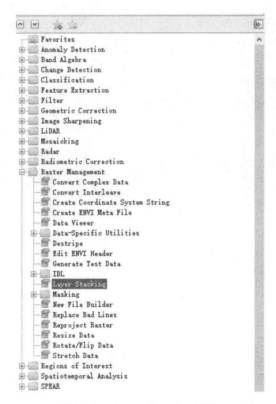

图 6-44 Layer Stacking 工具

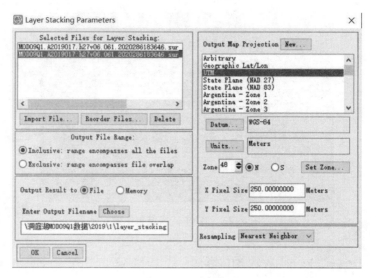

图 6-45　Layer Stacking 面板

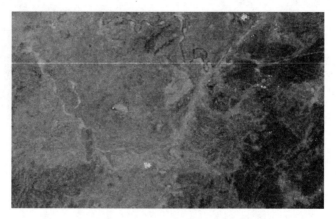

图 6-46　波段合成示例

（2）NDVI 归一化植被指数计算：公式为 NDVI＝（NIR－RED）/（NIR＋RED），式中 NIR 为近红外波段；RED 为红外波段。MOD09Q1 遥感数据中 band1 为红外波段，band2 为近红外波段。点击 ENVI 工具中的 Band Algebra > Band Math，按公式［float（b2）－float（b1）］/［float（b2）＋float（b1）］输入，选择波段合成后遥感影像中的波段与公式中 b1、b2 相互对应。设置输出文件格式，点击 OK。然后通过 ENVI 工具箱中的 Regions of Interest > Subset Data from ROIs 裁剪出研究区的 NDVI 影像。重复上述操作处理 1—12 月 MODIS 影像数据。上述操作过程及结果如图 6-47~图 6-54 所示。

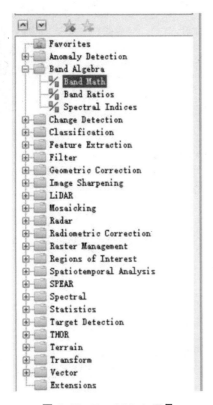

图 6-47 Band Math 工具

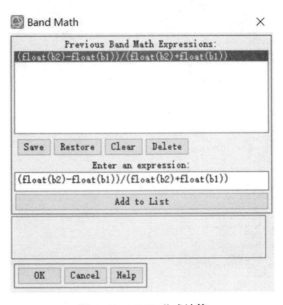

图 6-48 NDVI 公式计算

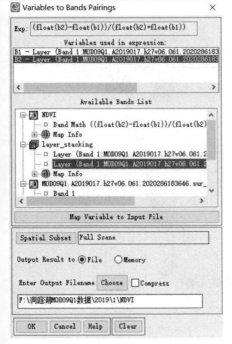

图 6-49 Band Math 面板 1

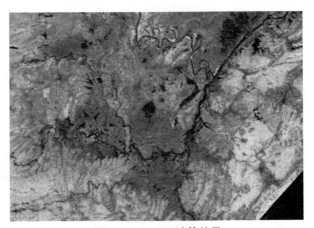

图 6-50 NDVI 计算结果

图 6-51　Subset Data from ROIs 工具

图 6-52　Subset Data from ROIs 面板

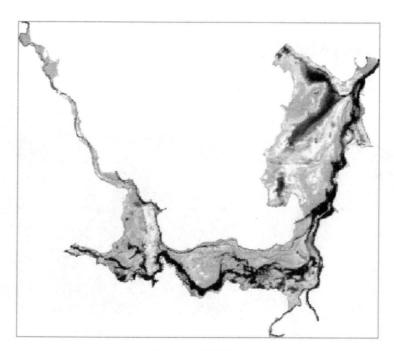

图 6-53　裁剪结果

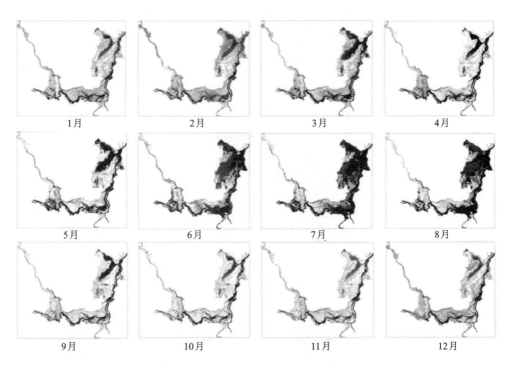

图 6-54　年际数据裁剪结果示例

（3）水体提取：在 ENVI 工具箱中依次点击 Classification > Decision Tree > New Decision Tree。查看 NDVI 影像中水体和非水体的像素值。然后点击 Node 1，在 expression 中输入计算公式 b1 le 0，提取像素值小于等于 0 的水体。点击 OK 后在弹窗中点击 b1 选择之前生成的 NDVI 影像数据。生成的二值化影像中水体像素值为 1，非水体像素值为 0。将二值化影像保存为 tif 文件格式（注意：输入输出路径不能存在中文）。重复上述操作处理 1—12 月 NDVI 影像数据。上述操作过程及结果如图 6-55～图 6-60 所示。

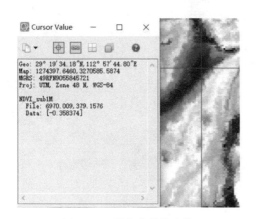

图 6-55　影像水体像素值

图 6-56　影像非水体像素值

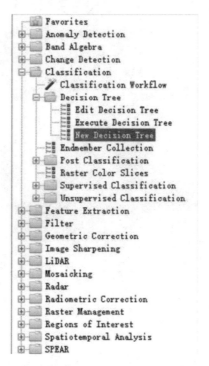

图 6-57 New Decision Tree 工具

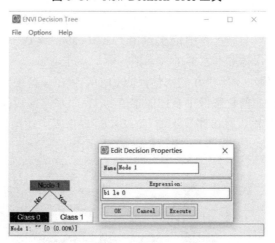

图 6-58 New Decision Tree 面板 1

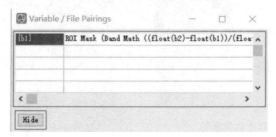

图 6-59 New Decision Tree 面板 2

图 6-60 水体提取示例

(4)淹没指数计算：在 Arcgis 软件中打开 2019 年 1—12 月 12 张二值化影像，利用 Arcgis 软件工具箱 Spatial Analyst Tools.tbx > 地图代数 > 栅格计算器，在栅格计算器中依次叠加每个月份的二值化影像计算淹没指数。右键点击生成的淹没指数影像，选择属性，在符号系统菜单下选择合适的颜色进行拉伸。为去除背景值颜色还需进行裁剪。利用 Arcgis 软件工具箱中 Data Management Tools.tbx > 栅格 > 栅格处理 > 裁剪，根据研究区的 shp 文件进行裁剪（注意：勾选使用输入要素裁剪几何）。上述操作过程及结果如图 6-61~图 6-67 所示。

图 6-61 栅格计算器工具

图 6-62　栅格计算器面板

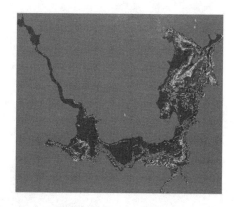

图 6-63　栅格计算器结果

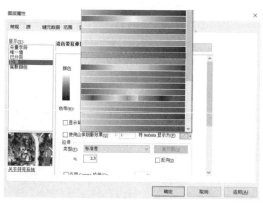

图 6-64　颜色拉伸

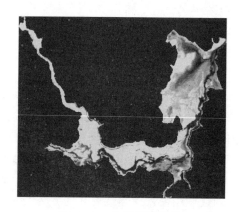

图 6-65　淹没指数计算

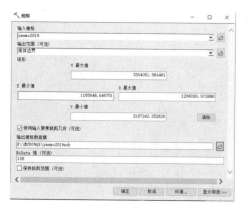

图 6-66　裁剪底色

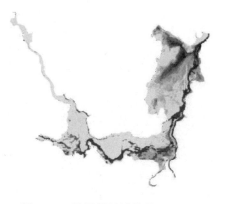

图 6-67　淹没指数计算结果示例

6.4.4　结果分析

（1）使用支持向量机（support vector machine 或 SVM）对湖南省洞庭湖湿地进行分类，得到的结果如图6-68所示。

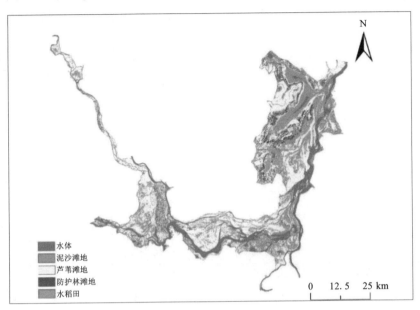

图6-68　洞庭湖湿地分类图

（扫本章二维码查看彩图）

（2）由分类结果可知，芦苇和水稻为主要农作物，洞庭湖的泥沙滩地在枯水期主要分布在东北区域，防护林滩地主要沿水体分布。

（3）根据统计，SVM 支持向量机分类结果（表6-7）显示，洞庭湖水体面积为510.1108 km²，泥沙滩地为323.0385 km²，芦苇滩地为1200.3992 km²，防护林滩地为151.7733 km²，水稻田为668.5838 km²。

表6-7　湿地分类面积统计表

用地类型	像元数量/个	单个像元面积/km²	水体面积/ km²
水体	5101108	0.0001	510.1108
泥沙滩地	3230385	0.0001	323.0385
芦苇滩地	12003992	0.0001	1200.3992
防护林滩地	1517733	0.0001	151.7733
水稻田	6685838	0.0001	668.5838

（4）使用SVM 支持向量机进行湿地分类，总体精度为98.253%，kappa 系数为0.9754。

（5）洞庭湖年内面积变化情况。

　　如表 6-8 和图 6-69 所示，2019 年 9—12 月为枯水期，5—8 月为丰水期，其余月份定义为平水期。2019 年洞庭湖主要湖区的湖水面积最大月份为 7 月；枯水期则与丰水期不同，洞庭湖主要湖区的湖水面积最小月份并不在一个月份大量出现，而是大部分分布于 11 月、12 月等枯水期月份中。

表 6-8　2019 年湿地水体面积

月份	像元数量	单个像元面积/km	水体面积/km²
1 月	9083	0.0625	567.688
2 月	10337	0.0625	646.063
3 月	13170	0.0625	823.125
4 月	6678	0.0625	417.375
5 月	11578	0.0625	723.625
6 月	13360	0.0625	835.000
7 月	20042	0.0625	1252.625
8 月	15398	0.0625	962.375
9 月	8188	0.0625	511.750
10 月	7398	0.0625	462.375
11 月	5305	0.0625	334.563
12 月	5392	0.0625	337.000

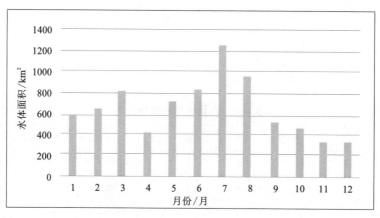

图 6-69　洞庭湖湿地水体面积统计图(2019 年)

　　(6)洞庭湖淹没指数分析。

　　本书中对于 2019 年得到的水体提取结果，水体赋值为 1，非水体赋值为 0，进行栅格运算相加后，得到 2019 年的淹没指数分析结果，如图 6-70 所示。

　　由图 6-70 可知洞庭湖各个区域在一年中的淹没次数。洞庭湖的永久水体主要集中在东洞庭湖与南洞庭湖的湖区中心。淹没指数较高(6~11)的区域主要集中在湖体周围泥沙滩地,面积约为 852.1556 km², 占总面积的 29.86%。淹没指数较低(1~5)的地方则集中在水稻种植区,面积约为 2001.75 km², 约占总面积的 70.14%。同时利用长时间序列的年际尺度淹没指数可分析永久陆地与永久水体的水陆性质是否发生改变,水体变化区域有无被洪水淹没的可能性,可为防汛作准备,减少突发洪水带来的风险。

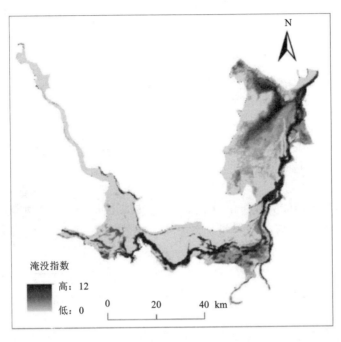

图 6-70　洞庭湖湿地淹没指数结果图

6.5　本章小结

　　本章从湿地的基础特征和专项特征出发,系统阐述了用于湿地评价的指标,包括详细调查湿地面积、湿地植被情况、水源补给、流出状况、积水状况等。在此基础上,以洞庭湖为例,开展了湿地水体提取及湿地分类的研究与分析。

第 7 章　草原资源调查监测

扫码查看本章彩图

7.1　背景与目标

草原是指以生长草本植物为主，覆盖度在 5% 以上的土地，包括以牧为主的灌丛草原和郁闭度在 10% 以下的疏林草原(中国科学院土地利用遥感监测分类系统)。草原是地球生态系统的重要组成部分，是分布范围最广泛的植被类型之一。

2021 年 3 月，国务院办公厅印发《关于加强草原保护修复的若干意见》(国办发〔2021〕7 号)，要求深入贯彻习近平生态文明思想，坚持绿水青山就是金山银山、山水林田湖草是一个生命共同体，按照节约优先、保护优先、自然恢复为主的方针，以完善草原保护修复制度、推进草原治理体系和治理能力现代化为主线，加强草原保护管理，推进草原生态修复，促进草原合理利用，改善草原生态状况，推动草原地区绿色发展，为建设生态文明和美丽中国奠定重要基础。因此，草原资源的调查监测成为更加必要且急需的任务。

7.2　监测指标体系

草原资源调查监测是指查清草原的类型、生物量、等级、生态状况以及变化情况等，获取全国草原植被覆盖度、草原综合植被覆盖度、草原生产力等指标数据，掌握全国草原植被生长、利用、退化、鼠害病虫害、草原生态修复状况等信息，每年发布草原综合植被盖度等重要数据。

为更好地实现草原资源调查监测目标，应该依据《自然资源调查监测体系构建总体方案》，从草原的空间分布、类型、植被覆盖度等方面来设计指标并开展监测。

7.2.1　监测指标

草原资源调查监测的主要监测指标包括草原类型、生物量、植被覆盖度、净初级生产力、产草量等，具体指标体系如表 7-1 所示。

表7-1　草原资源调查监测指标体系

类型	指标名称	指标说明
基本特征	草原类型	我国的草原类型可以分为四个类型：草甸草原、典型草原、荒漠草原、高寒草原等
	草原面积	描述草原大小
	草原分布	草原的空间分布
专项特征	植被覆盖度	指某一地区植物垂直投影面积与该地区面积之比
	生物量	指一定时间内单位面积所含的一个或一个以上生物钟/生物群落中所有生物的有机体的总干物质量，是净生产量的积累量
	净初级生产力	指绿色植物在单位时间内，单位面积上由光合作用产生的初级生产力总量中扣除植物自养呼吸所消耗的部分后剩余的初级生产量
	产草量	指单位面积草地上的牧草收获量，一般用干重来表示，也可以用鲜重来表示

1. 基本特征

（1）草原类型

草原类型指草原分布形式及类型，根据分类等级可采用实地调查与遥感监测技术获取。可以利用地表覆盖物光谱特征，结合 NDVI 等植被量化指标进行草原遥感分类。

（2）草原面积

草原面积描述草原的大小情况。可通过遥感监测，结合野外调查、现场访问和收集最新资料，综合分析后建立遥感判读标志，然后根据统计方法进行计算。

（3）草原分布

草原分布描述草原的空间分布情况。根据草原的分布状况可从整体了解草原的分布特点、地理区域差异等信息。

2. 专项特征

（1）植被覆盖度

植被覆盖度（fraction of vegetation coverage，FVC）通常定义为植被（包括叶、茎、枝）在地面的垂直投影面积占统计区总面积的百分比。FVC 不仅是描述地表植被覆盖情况的重要参数，也是反映地表植被长势的重要参量，同时还是草原退化监测最重要、最敏感的指标。

（2）生物量

生物量是指某时刻单位面积内实际存活的有机物质总量，目前对于大面积区域尺度下的生物量估算的研究分析中，基于植被指数等变量的反演生物量模型是最重要的方法之一。

（3）净初级生产力

净初级生产力（NPP），指绿色植物在单位时间内，单位面积上由光合作用产生的初级生产力总量中扣除植物自养呼吸所消耗的部分后剩余的初级生产量，除了传统的基于站点实测数据来估算，现在的趋势是利用遥感数据估算植物吸收的光合有效辐射 APAR。

（4）产草量

产草量是指单位面积草地上的牧草收获量，一般用干重来表示，也可以用鲜重来表示。

7.2.2　关键指标遥感解译标志

以草原类型为关键指标，从遥感影像特征、地理相关分析标志等方面建立指标目视解译标志。在研究中，积雪、水体、建设用地等其他用地与草地的遥感解译参数差别较大，难度最大的是对草地和林地进行区别。其中，郁闭度低于10%的林草图斑，以及郁闭度低于40%的灌草图斑均为草地，而郁闭度高于5%的草地裸地混合图斑也归为草地。因此，典型草地训练样本的场景选择十分重要。草原、林地样本及其影像特征如表7-2所示。

表7-2　草原、林地样本及其影像特征

类型	分类标准	野外采集样本	影像样本（真彩色）
草地	纯草地		
草地	灌木面积占比<40%		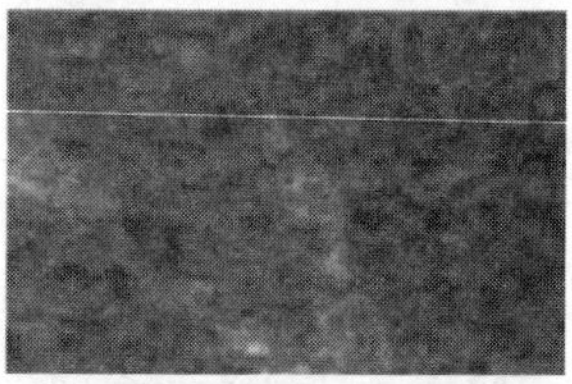
草地	林地面积占比<10%		
灌木	灌木面积占比>40%		
林地	林地面积占比>10%	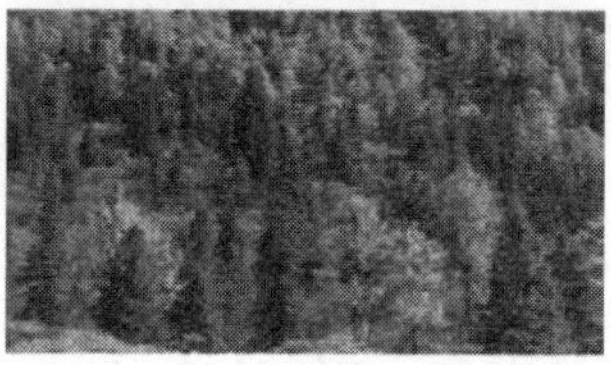	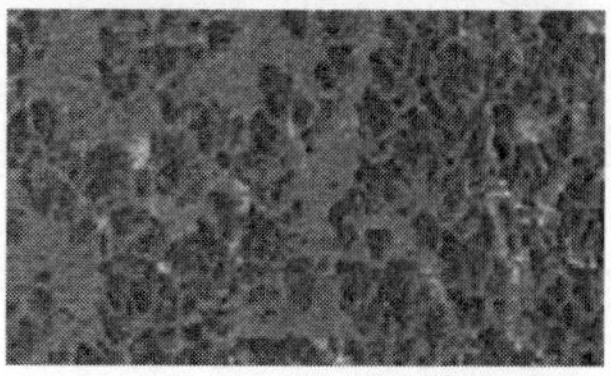

7.3　监测方法与技术流程

草原资源调查监测主要包括数据获取、数据处理、图像分类以及精度检验等步骤,基本流程如图 7-1 所示。

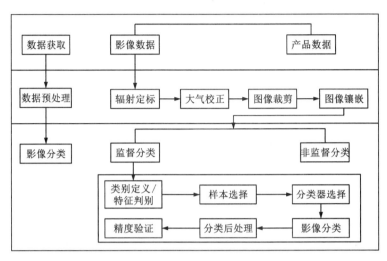

图 7-1　草原资源调查监测技术流程图

7.3.1　数据收集与预处理

草原资源调查监测需收集遥感影像数据、实地调查数据、行政边界矢量数据、统计年鉴数据等,如表 7-3 所示。

表 7-3　草原资源调查监测数据及来源

类型	名称	分辨率	获取渠道
遥感影像	landsat 数据	30 m	地理空间数据云
	高分辨率影像	10 m	中国资源卫星应用中心
实地调查数据	物种多样性	略	略
	等级	略	略
矢量数据	行政边界数据	略	自然资源局
统计数据	统计年鉴数据	城市级	统计局

数据预处理环节包括辐射定标、大气校正、影像镶嵌、影像裁剪等,此处不再赘述。

7.3.2　监测指标处理

根据草地资源调查监测指标体系(表 7-1),对指标的计算和确定进行说明,部分定性指标获取和确定详情见 7.2.1 节。

1. 基本特征

草地类型、面积、分布，结合相关数据，依照7.2.1节所述方法即可获取。其中，基于地表覆盖物光谱特征进行草原遥感分类可参考7.2.2节。结合植被指标量化进行草原遥感分类的主要依据是归一化植被指数NDVI。NDVI是反映农作物长势和营养信息的重要参数之一，对于检测植被生长状态、植被覆盖度等具有重要作用，同时，NDVI能反映植物冠层的背景影响，如土壤、潮湿地面、雪、枯叶、粗糙度等。并且，已有大量研究表明，NDVI与叶面积指数、植被覆盖度、净初级生产力等生物物理参数有着密切的关联。NDVI计算公式如下：

$$NDVI = \frac{NIR-RED}{NIR+RED} \tag{7-1}$$

式中，NIR为近红外波段，RED为红波段。

草地面积可通过遥感估算，基于监测的像元数量获得，计算方法见5.3.2节。

2. 专项特征

（1）植被覆盖度

植被覆盖度FVC是植被（包括叶、茎、枝）在地面的垂直投影面积占统计区总面积的百分比。常采用像元分解法中最具代表性的像元二分模型来提取植被覆盖度，该模型基于线性的像元分解方法，形式相对简单，在很大程度上削弱了大气、土壤背景和植被类型的影响，普适性较好。其公式为：

$$FVC = \frac{NDVI-NDVI_{soil}}{NDVI_{veg}-NDVI_{soil}} \tag{7-2}$$

式中，$NDVI_{veg}$为全植被覆盖像元NDVI值，$NDVI_{soil}$为完全裸土的像元NDVI值。在二分模型中，两个必需参数的取值目前主要依靠对NDVI的数据统计，一般分别取5%累计频率对应的植被指数作为完全裸土的植被指数，95%累计频率对应的植被指数值作为全植被覆盖的植被指数。

（2）生物量

生物量（biomass）是指某时刻单位面积内实际存活的有机物质总量，目前对于大面积区域，常用方法是基于植被指数等变量的反演生物量模型，包括生物量线性模型和非线性模型。具体来说，首先严格筛选实地测量的样方数据，然后规范构建NDVI等变量-生物量模型并进行检验，最后选取精度最高的模型进行反演。

线性模型包括以最小二乘法（OLS）为基础的线性回归、地理加权回归、广义线性回归模型等。以下以最常见的多元线性模型为例，简单阐述线性模型的基本原理。

多元线性模型中，自变量与因变量生物量的关系如下：

$$BIO = a_0 + a_1x_1 + a_2x_2 + \cdots + a_nx_n + \varepsilon \tag{7-3}$$

式中，BIO为生物量；$x_i(i=1, 2, \cdots, n)$为NDVI、土壤调节植被指数、修改型土壤调节植被指数、比值植被指数、大气修正植被指数等植被指数变量，地表反射率、DEM、坡度等地表、地形变量，以及温度、降水等气象变量等；a_0与$a_i(i=1, 2, \cdots, n)$分别为常数项和各变量系数，采用最小二乘法估计得到；ε是模型残差，且服从$N(0, \sigma^2)$分布。

非线性模型包括对数、指数、幂函数模型，以及因其较强的灵活性、成长性、普适性、和擅长通过学习解决复杂问题的能力、逐渐成为热点的各类机器学习方法，例如随机森林、人工神经网络等。以下以随机森林为例，简要阐述非线性模型的基本原理。

随机森林是基于 Bagging 框架集成学习的分类回归树模型。其主要步骤有：①对于样本数量为 N_D 的训练数据集 D，均匀地、有放回地随机选取 K 个数量为 $N(N<N_D)$ 的子集 $D_i(i=1, 2, \cdots, K)$；②对于任一样本，设其具有 M 个特征，在节点进行分支的过程中随机选取 m $(m<M)$ 个特征；③针对这 m 个特征的各个特征值，计算子集的方差加权值，进而分支，构建回归树，对所有子集重复以上步骤，构建 K 个回归树，形成随机森林；④对 K 个回归树的输出求取平均值即得到随机森林的最终输出。其中，节点的方差加权值是指节点中样本的目标变量值与回归树子集所有目标变量均值的方差加权之和，其计算公式如下：

$$V = \frac{1}{N_D}\left[\sum_{i=1}^{N_{D1}}(y_{D1_i}-\bar{y}_{D1})^2 + \sum_{i=1}^{N_{D2}}(y_{D2_i}-\bar{y}_{D2})^2\right] \tag{7-4}$$

式中，y_{D1_i} 与 y_{D2_i} 分别是数据集 D_1 与 D_2 中目标变量的值，$\bar{y}_{D1}$ 与 $\bar{y}_{D2}$ 分别是数据集 D_1 与 D_2 中所有目标变量的均值。寻找最优分支就是要找到使得方差加权最小的分支。

（3）净初级生产力

净初级生产力（NPP）是绿色植物在单位时间内，单位面积上由光合作用产生的初级生产力总量扣除植物自养呼吸所消耗的部分后剩余的初级生产力。利用遥感数据估算植物吸收的光合有效辐射 APAR 方法中，应用较为广泛的模型有 CASA 模型、GLO-PEM 模型、C-Fix 模型等。其中，CASA 模型主要由草地植被吸收的光合有效辐射和实际光能利用率两个因子来估算，其计算公式如下：

$$NPP(x, t)= APAR(x, t)\times\varepsilon(x, t) \tag{7-5}$$

式中，$APAR(x, t)$ 表示像元 x 在 t 月份吸收的光合有效辐射，$MJ/(m^2 \cdot 月)$；$\varepsilon(x, t)$ 表示像元 x 在 t 月份的实际光能利用率，$g \cdot C/MJ$。

光合有效辐射由太阳辐射总量（SOL）以及植被光合有效辐射的吸收比率（FPAR）决定，其计算公式如下：

$$APAR(x, t)= SOL(x, t)\times FPAR(x, t)\times 0.5 \tag{7-6}$$

式中，$SOL(x, t)$ 表示像元 x 在 t 月份太阳辐射总量，MJ/m^2，由天文辐射总量和日照百分率线性拟合而成；$PAR(x, t)$ 是像元 x 在 t 月份植被光合有效辐射的吸收比率，可基于植被指数反演得到；常数 0.5 表示植被所能利用的太阳有效辐射（波长为 $0.4\sim0.7\ \mu m$）占太阳总辐射的比例。

光能利用率指植被将实际吸收的太阳有效辐射转换成自身有机物的效率，通过温度胁迫因子、水分胁迫因子及最大光能利用率计算获得，其公式如下：

$$\varepsilon(x, t)= T(x, t)\times W(x, t)\times\varepsilon_{max} \tag{7-7}$$

式中，$T(x, t)$ 为像元 x 在 t 月份的温度胁迫因子，可根据环境温度和年内植被生长最适温度计算得到；$W(x, t)$ 为像元 x 在 t 月份的水分胁迫因子，根据区域的实际与潜在蒸、散发量计算得到；ε_{max} 是理想条件下的最大光能利用率。

（4）产草量

产草量是单位面积草地上的牧草收获量，包括干重和鲜重。

草本测产一律采用 $1\ m^2$ 样方，随机选取位置设置样方，重复测产 3 次取其平均值。一般采用从地面剪割的方式，单独称其鲜重。优势种和次优势种按种分别称重，其余按经济类群称重。对于较明显的有毒有害植物也应分别剪割并称重，也可注明其毒性或利用的家畜和利用的季节。称重后的草样应系好标签带回并风干后称其干重,求出干鲜比,以便其他样地利用干鲜比值计算干草产量。此外,也可基于采集的草地样方资料与 MODIS NDVI、降水量、地形等参数建立多元统计方程,反演得到总产草量和可食牧草产草量数据,模型原理可参考生物量指标处理方法中线性模型中的多元线性模型。

7.3.3 监测成果类型

监测获得的指标数据如草原的类型、生物量、等级、生态状况以及变化情况等,经过处理可以形成相关的专题图,得到草原植被生长、利用、退化、鼠害病虫害、草原生态修复状况等信息。

(1)草原植被覆盖度分布图(图 7-2)

根据草原的植被覆盖度高低,可以获取研究区草原植被覆盖度的分布图,从而全面掌握研究区的草地状况。

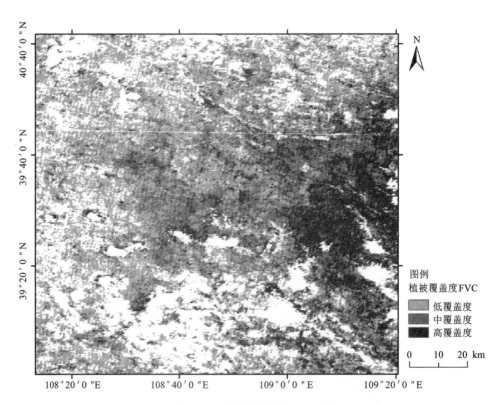

图 7-2 草原植被覆盖度分布图

(2)草原类型分布图(图 7-3)

草原类型大致可以分为草甸草原、典型草原、荒漠草原、高寒草原等,了解草原的类型及其分布,有利于相关部门对草原进行整体把握,以及对资源进行合理利用。

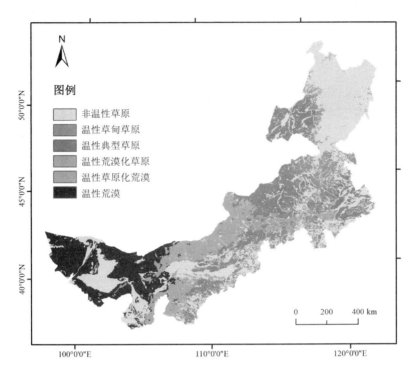

图7-3 草原类型分布图

(扫本章二维码查看彩图)

(3)净初级生产力分布图(图7-4)

草地时空演变特征主要体现在草原植被净初级生产力的变化,因此准确地了解草地生产力的时空分布和演变特征,掌握草原植被净初级生产力的变化动态规律,对于草地可持续利用和管理具有重要意义。

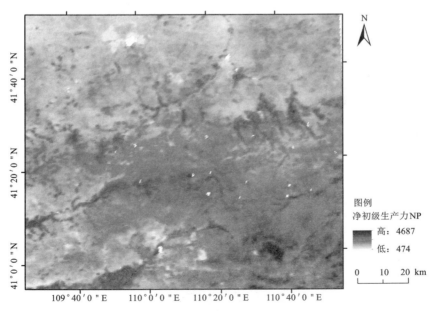

图7-4 草原植被净初级生产力分布图

（4）生物量分布图（图7-5）

生物量及其动态的准确估算不仅是研究许多林业和生态问题的基础，也是评估陆地生态系统碳收支、编制国家温室气体清单以及核证林业碳补偿项目等的主要内容。

图7-5　三江源地上生物量分布图

（来源：时空三极环境大数据平台 http://poles. tpdc. ac. cn/zh-hans/data/27cd9429-b4f6-4e9b-9449-a4bf5cefaae8/? q=）

（5）产草量分布图（图7-6）

监测草地的地上生物量/产草量对草地资源的合理规划、利用和保护，以及放牧强度及载畜量的确定极具指导意义，同时利于合理安排畜牧业生产。

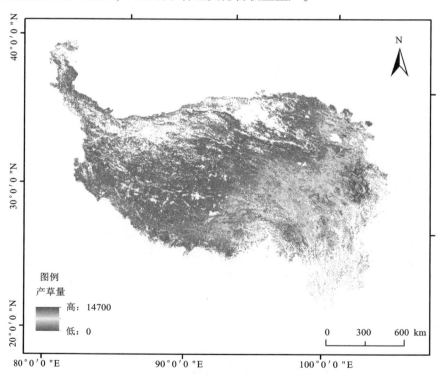

图7-6　草地产草量分布图

（扫本章二维码查看彩图）

7.4　监测实例

草原是地球生态系统的重要组成部分，是分布范围最广泛的植被类型之一。它不仅为人类提供净初级物质的生产，还具备调节气候、涵养水源、保持水土、防风固沙、改良土壤和维持生物多样性等生态功能。针对我国的草原退化问题，本节以呼和浩特为研究区，收集中高分辨率遥感影像数据，开展草原资源调查监测，梳理研究区草原类型、草原面积变化情况等。

7.4.1　监测区概况

呼和浩特市位于东经 110°46′~112°10′、北纬 40°51′~41°8′地区，全市总面积 1.72 万 km²。呼和浩特市地处内蒙古自治区中部，阴山山脉中段，土默特平原中南部，市辖区东与兰察布市凉城县和卓资县相连，南与和林格尔县相接，西与土默特左旗相连，是连接黄河的纽带，具有优越的地理位置。呼和浩特市地处干旱半干旱区，属于典型的大陆性季风气候，四季分明，夏季短暂炎热，冬季寒冷漫长，春季多风，全年降雨少，每年雨季主要集中在 7—8 月。年均降雨量 355.2~534.6 mm，年均蒸发量为 1756~257 mm，蒸发量远大于降雨量。大黑河与小黑河是区内的主要河流，流域面积为 1380.9 km²。特殊的土壤条件下，土壤质地多为砂土或砂质黏土，结构松散，自然气候独特，容易引发水土流失、干旱等自然灾害。

7.4.2　数据获取

本书选取 landsat 8 OLI_TIRS 卫星数字产品数据，其空间分辨率为 30 m，成像宽幅为 185 km×185 km，数据来源为地理空间数据云，如表 7-4 所示，网址为 https://www.gscloud.cn/search，筛选时间为 2021 年以后，且云量低于 3%的影像，一共三幅，其编号分别为 LC81270312021150LGN00、LC81270322021086LGN00、LC81260322021031LGN00。如图 7-7 所示。

表 7-4　草原资源监测数据及来源

名称	单位	分辨率	时相	来源
Landsat 8	景	30 m	2021 年	地理空间数据云
行政边界数据	副	矢量图	2020 年	自然资源部

(a) 影像数据　　　　　　　　　　　　　　　(b) 边界数据

图 7-7　草原资源监测影像/边界数据示例

7.4.3　数据处理

1.遥感影像的辐射定标

首先打开 landsat 8 数据，这里以"LC81260322021031LGN00"为例进行介绍，点击 File > open as > optical sensors > landsat > GeoTIFF Metadata，选择 LC81260322021031LGN00MTL. txt 文件打开，分为五个数据集：多光谱数据（1~7 波段）、全色波段数据（8 波段）、卷云波段数据（9 波段）、热红外数据（10、11 波段）和质量波段数据（12 波段）。如图 7-8 所示。

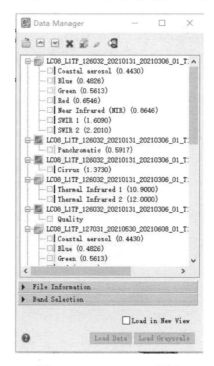

图 7-8　data manager 面板

ENVI 5.1 工具箱中查找工具：Radiometric Correction/Radiometric Calibration；双击此工具，选择要校正的多光谱数据"LC81260322021031LGN00_MTL_MultiSpectral"进行辐射定标。

(1)选择需要定标的数据，如图 7-9 所示。

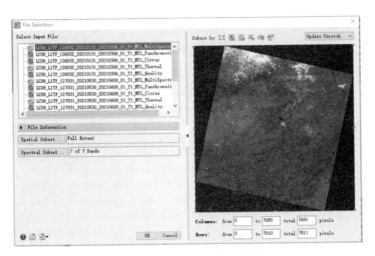

图 7-9　打开需要定标的数据

(2)定标参数设置：依据 FLAASH 大气校正对于 radiance 数据的要求，其中 Calibration Type 选择 Radiance，Output Interleave 参数选择 BIL，Output Data Type 选择 Float，Scale Factor 点击 Apply FLAASH Settings 选取自动匹配，一般为 0.1，如图 7-10 所示。

图 7-10　辐射定标参数选择

(3)查看定标结果：定标之后，查看影像的 DN 值。如图 7-11 所示。

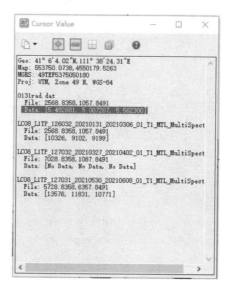

图 7-11　辐射定标结果查看

2. 遥感影像的大气校正

在 ENVI 工具箱中查找工具：Radiometric Correction/Atmospheric Correction Module FLAASH Atmospheric Correction，双击此工具，打开辐射定标的数据，设置相关的参数，进行大气校正。

（1）Input Radiance Image：打开辐射定标结果数据。

（2）设置输出反射率的路径。

（3）设置输出 FLAASH 校正文件的路径，最优状态：路径所在磁盘空间足够大。

（4）中心点经纬度 Scene Center Location：自动获取。

（5）选择传感器类型：Landsat 8 OLI；其对应的传感器高度以及影像数据的分辨率自动读取。

（6）设置研究区域的地面高程数据。

（7）影像生成时的飞行过境时间：在 layer manager 中的 Lc8 数据图层右键选择 View Metadata，浏览 time 字段获取成像时间；也可以从元文件"LC81260322021031LGN00 _MTL. txt"中找到，具体名称：DATE_ACQUIRED、SCENE_CENTER_TIME。

（8）大气模型参数选择：Sub-Arctic Summer（根据成像时间和纬度信息选择）。

（9）气溶胶模型 Aerosol Model：Urban；气溶胶反演方法 Aerosol Retrieval：2-band（K-T）。

（10）其他参数按照默认设置即可，如图 7-12 所示。

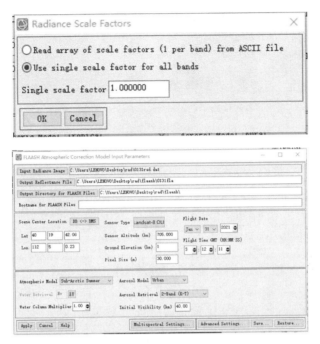

图 7-12　参数设置

(11)K-T 反演选择默认模式：Defaults > Over > Land Retrieval standard(600 ∶ 2100)，波谱响应函数，如图 7-13 所示。

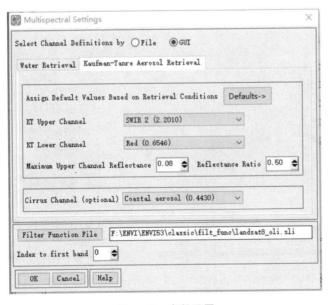

图 7-13　参数设置

(12)高级参数设置：根据内存大小设置 Tile Size(Mb)：100(8 G 物理内存)，其他参数默认即可，如图 7-14 所示。

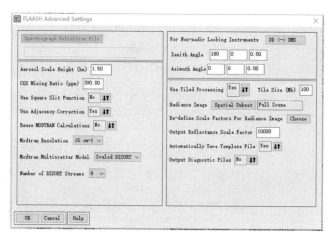

图 7-14　参数设置

(13) 点击"APPLY"运行 FLAASH 校正，运行之后呈现反演的能见度与水汽柱，如图 7-15 所示。

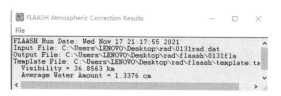

图 7-15　反演结果

(14) 查看校正结果，如图 7-16 所示。

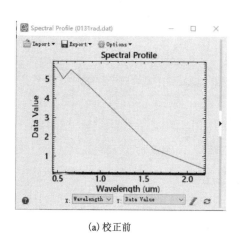

(a) 校正前

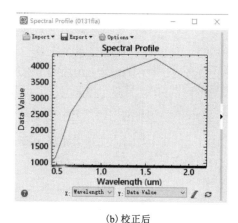

(b) 校正后

图 7-16　校正前后光谱对比

3. 遥感影像的镶嵌

图像镶嵌，指在一定数学基础控制下把多景相邻遥感图像拼接成一个大范围、无缝的图像的过程。ENVI 的图像镶嵌功能可提供交互式的方式，将有地理坐标或没有地理坐标的多幅图像合并，生成一幅单一的合成图像。

首先在 Toolbox 中，打开 Mosaicking Seamless Mosaic，启动图像无缝镶嵌工具 Seamless Mosaic，实现镶嵌的主要流程为：数据加载、匀色处理、接边线与羽化、结果输出。

（1）点击 Seamless Mosaic 面板左上方的加号，添加需要镶嵌的影像数据，如图 7−17 所示。

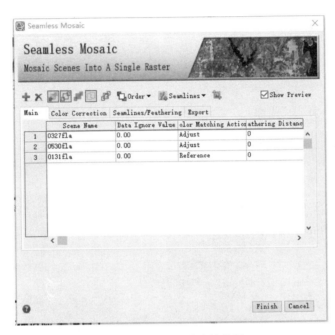

图 7−17　添加须镶嵌的数据

（2）匀色方法是直方图匹配（histogram matching）。在 Color Correction 选项中，勾选 Histogram Matching，其中 Overlap Area Only 指重叠区直方图匹配，Entire Scene 指整景影像直方图匹配，这里选择 Overlap Area Only。

在 main 选项中，放在 Color Matching Action 上单击右键，设置参考（reference）和校正（adjust），根据预览效果确定参考图像，如图 7−18 所示。

图 7-18 匀色选项面板

（3）自动生成的接边线比较规整，可以明显看到由于颜色不同而显露的接边线。下拉菜单 Seamlines Start editing seamlines，可以编辑接边线，如图 7-19 所示。

图 7-19 羽化接边面板

（4）在 Export 面板中，设置重采样方法 Resampling method：Cubic Convolution；设置背景值 Output background Value 为 0；选择镶嵌结果的输出路径；单击 Finish 执行镶嵌，如图 7-20 所示。

图 7-20 输出面板

4. 遥感影像的裁剪

图像裁剪的目的是将研究区之外的区域去除。常用的方法是按照行政区划边界或者自然区划边界进行图像裁剪。

（1）打开外部矢量数据，file > open，如图 7-21 所示。

图 7-21 打开外部矢量数据

（扫本章二维码查看彩图）

（2）在 Toolbox 中，打开 Regions of Interest /Subset Data from ROIs。Select Input File 选择 Beijing_TM. dat，点击 OK，打开 Subset Data from ROIs Parameters 面板；在 Subset Data from ROIs Parameters 面板中，设置以下参数：Select Input ROIs 选择外部矢量数据，Mask pixels output of ROI？选择 Yes，Mask Background Value 背景值为 0，最后选择输出路径和文件名，单击 OK 执行图像裁剪，如图 7-22 所示。

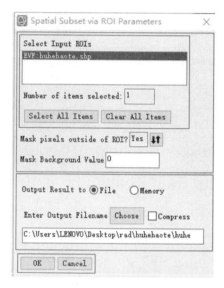

图 7-22　裁剪参数面板

（3）输出裁剪结果如图 7-23 所示。

图 7-23　裁剪结果图

5. 监督分类之支持向量机分类方法

支持向量机分类(support vector machine 或 SVM)是一种建立在统计学习理论(statistical learning theory 或 SLT)基础上的机器学习方法。SVM 可以自动寻找那些对分类有较大区分能力的支持向量,由此构造出分类器,可以将类与类之间的间隔最大化,因而有较好的推广性和较高的分类准确率。

(1)在图层管理器 Layer Manager 中, can_tmr. img 图层上点右键,选择"New Region Of Interest",打开 Region of Interest (ROI)Tool 面板,在面板上设置参数,如图 7-24 所示。

图 7-24　参数设置

(2)默认 ROIs 绘制类型为多边形,在影像上辨别林地区域并单击鼠标左键开始绘制多边形样本,一个多边形绘制结束后,双击鼠标左键或者点击鼠标右键,选择 Complete and Accept Polygon,完成一个多边形样本的选择;用同样的方法,在图像别的区域绘制其他样本,样本尽量均匀分布在整个图像上,这样就为不透水面选好了训练样本。

注意:如果要对某个样本进行编辑,可将鼠标移到样本上点击右键,选择 Edit record 是修改样本,点击 Delete record 是删除样本;一个样本 ROI 里可以包含 n 个多边形或者其他形状的记录(record);如果不小心关闭了 Region of Interest (ROI)Tool 面板,可在图层管理器 Layer Manager 上的某一类样本(感兴趣区)双击鼠标。

(3)在图像上右键选择 New ROI,或者在 Region of Interest (ROI)Tool 面板上,选择工具。重复"草原"样本选择的方法,分别为耕地、水体、林地、不透水面等选择样本,如图 7-25 所示。

图 7-25　样本选择

（4）计算样本的可分离性。在 Region of Interest（ROI）Tool 面板上，选择 Option > Compute ROI Separability，在 Choose ROIs 面板，将几类样本都打钩，点击 OK，如图 7-26 所示。

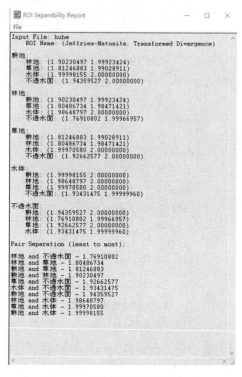

图 7-26 样本分离性计算报表

注意：在图层管理器 Layer Manager 中，可以选择需要修改的训练样本；在 Region of Interest（ROI）Tool 面板上，选择 Options > Merge（Union/Intersection）ROIs，在 Merge ROIs 面板中，选择需要合并的类别，勾选 Delete Input ROIs，如图 7-27 所示。

图 7-27　Merge ROIs 面板

（6）在图层管理器中，选择 Region of interest，点击右键，save as，保存为.xml 格式的样本文件。

（7）基于传统统计分析的分类方法参数设置比较简单，通过 Toolbox > Classification > Supervised Classification 找到相应的分类方法。这里选择支持向量机分类方法。在 Toolbox 中选择 Classification > Supervised Classification > Support Vector Machine Classification，选择待分类影像，点击 OK，按照默认参数设置输出分类结果，如图 7-28 和图 7-29 所示。

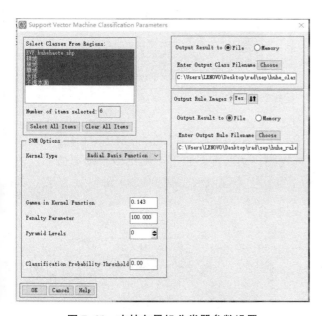

图 7-28　支持向量机分类器参数设置

图 7-29　支持向量机分类结果

6. 精度评定

对分类结果进行评价，确定分类的精度和可靠性。有两种方式用于精度验证：一是混淆矩阵，二是 ROC 曲线。混淆矩阵比较常用，ROC 曲线可以用图形的方式表达分类精度，比较抽象。

真实参考源可以使用两种方式选择：一是标准的分类图，二是选择的感兴趣区（验证样本区）。两种方式都可以通过主菜单 Classification > Post Classification > Confusion Matrix 或者 ROC Curves 来选择。

感兴趣区验证样本的选择可以在高分辨率影像上选择，也可以通过野外实地调查获取。由于没有更高分辨率的数据源，本节就把原分类的影像当作高分辨率影像，在上面进行目视解译，得到真实参考源。

（1）在 Data Manager 中，在分类样本上点击右键选择 Close，将分类样本从软件中移除。

（2）直接利用 ROI 工具，跟分类样本的选择方法一样，在 TM 图上选择 6 类验证样本，如图 7-30 所示。

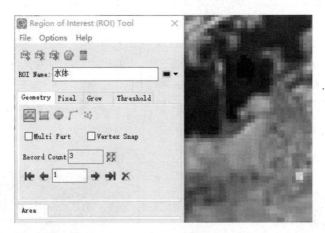

图 7-30　选择验证样本

（3）在 Toolbox 中，点击 Classification > Post Classification > Confusion Matrix Using Ground Truth ROIs，选择分类结果，软件会根据分类代码自动匹配，如不正确可以手动更改。点击 OK 后选择报表的表示方法（像素或百分比），再点击 OK，就可以得到精度报表。如图 7-31 和图 7-32 所示。

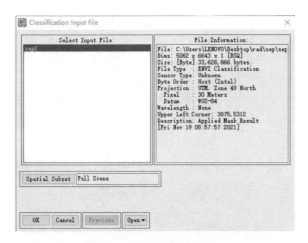

图 7-31　验证操作面板 1

图 7-32　验证操作面板 2

7. 结果展示

根据两种不同的原理进行分类，马氏距离法的表现不如支持向量机法，故下面以支持向量机分类方法的分类结果进行分析，如图 7-33 和图 7-34 所示。

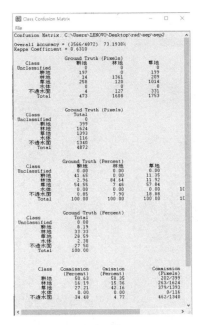

图 7-33　精度报表

图 7-34　草原分布图之支持向量机分类方法

8. 植被覆盖度分析

（1）打开 Band Math 工具，英文状态下输入公式（float(b5)-b4)/(b5+b4)，点击公式，然后分别将 B4 和 B5 波段选择为红外波段和近红外波段，如图 7-35 和图 7-36 所示。需要注意的是，不同卫星红外波段和近红外波段号有所不同。

图 7-35　Band Math 面板

（2）点 Choose 选择一个存储路径后，点击 OK，得到图 7-37 右图所示的结果，保存的时候也可以直接加 tif 后缀存储为 tif 格式。NDVI 在[-1，1]区间，负值表示地面覆盖为云、水、

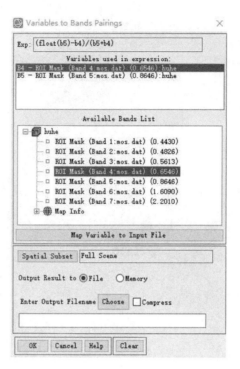

图 7-36 波段对应

雪等可见光高反射区域；0 表示有岩石或裸土等，NIR 和 R 近似相等；正值表示有植被覆盖，且随覆盖度增大而增大。用十字丝可以查看像元 NDVI 值，如图 7-37 所示。

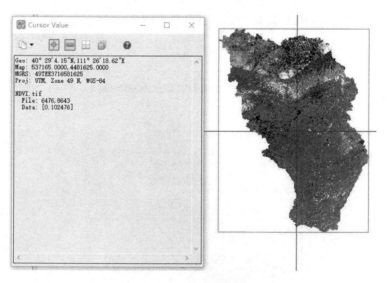

图 7-37 十字丝查看

（3）采用 Compute Statistics 工具统计 NDVI 值，DN 表示像元值，Acc Pct 是对应 DN 值的累积百分比，将 DN 值由小到大排序，分别计算每一个 DN 值出现频次占总像元数的比例，即频率占比，累积百分比就是小于等于该 DN 值的频率占比之和。通过累计百分比确定一个置信区间，这里分别取累计百分比在 5% 和 95% 时的 DN 值作为最小值和最大值，分别是 -0.011765、0.278431，如图 7-38 所示。

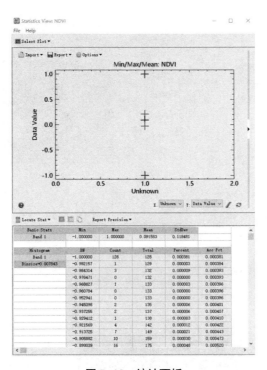

图 7-38　统计面板

（4）输入公式：

VFC =（b1 It NDVIsoil）* 0+（b1 It NDVIveg）* 1+（b1 ge NDVIsoil and b1 le NDVIveg）*（（b1-NDVIsoil）/（NDVIveg-NDVIsoil））。其中 It 表示小于，ge 表示大于等于。b1 代表上一步的 NDVI 栅格。如图 7-39 所示。

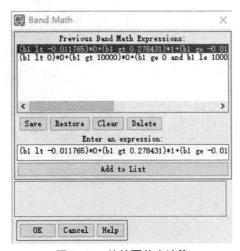

图 7-39　植被覆盖度计算

（5）结果展示

采用 new raster color slice 设置区间，分别为低覆盖度植被、中覆盖度植被、高覆盖度植被，如图 7-40 所示。

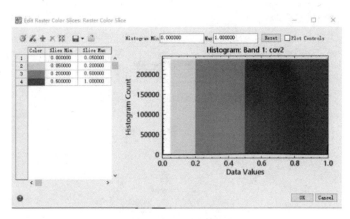

图 7-40　区间设置

分类结果如图 7-41 所示。

图 7-41　植被覆盖度分布

7.4.4 结果分析

（1）分类精度

总体分类精度：本次支持向量机方法的精度分类表中总体分类精度＝73.1938%，马氏距离法中总体分类精度＝57.9228%。

Kappa 系数：本次支持向量机方法的精度分类表中的 Kappa 系数＝0.6310，马氏距离法中的 Kappa 系数＝0.4251。

（2）草地空间分布

呼和浩特市的草原分布广泛，于南部较为集聚，西部较为稀少，如图 7-42 所示。

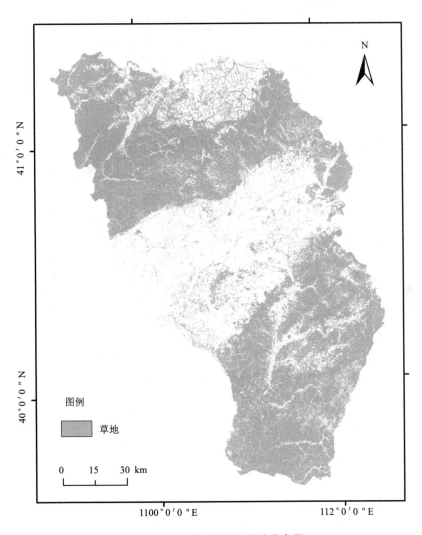

图 7-42　呼和浩特市草地分布图

（3）草地面积统计

呼和浩特市的面积为 17164.053 km²，草原的面积为 4907.192 km²，占全市总面积的

28.59%。

(4)植被覆盖度

呼和浩特的植被覆盖度总体较高，植被高覆盖度地区主要分布在呼和浩特市的东南部，植被低覆盖度地区主要分布在呼和浩特市的西部以及东北部，如图 7-43 所示。

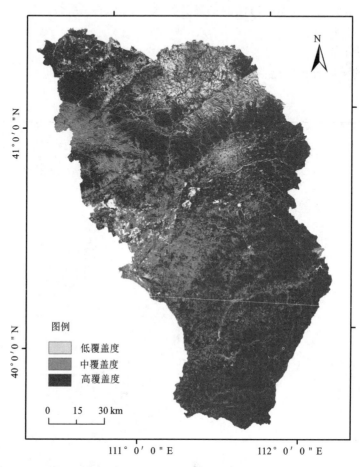

图 7-43 呼和浩特植被覆盖度分布图

7.5 本章小结

草地退化现在已经成为全球性的问题，因此草原资源调查监测刻不容缓。草原资源调查监测是指查清草原的类型、生物量、等级、生态状况以及变化情况等，获取全国草原植被覆盖度、草原综合植被盖度、草原生产力等指标数据，掌握全国草原植被生长、利用、退化、鼠害病虫害、草原生态修复状况等信息。本章简述了草原资源调查监测的主要监测指标，如草原类型、生物量、植被覆盖度、净初级生产力、产草量等，系统阐述了以草原类型为关键指标，从遥感影像特征、地理相关分析标志等方面建立指标目视解译标志的过程，在此基础上，以呼和浩特市为研究区，开展了草地资源的提取与植被覆盖度的研究与分析。

参考文献

［1］ ZIMMERMAN，ERICH W. World Resources andIndustries［M］. New York：Harper & Brothers，1933.

［2］ 蔡运龙. 自然资源学原理［M］. 2 版. 北京：科学出版社，2007.

［3］ 辞海编辑委员会. 辞海［M］. 7 版. 上海：上海辞书出版社，2020.

［4］ 自然资源部. 自然资源调查监测体系构建总体方案［EB/OL］.（2020－01－17）［2021－10－22］. http：//
www. gov. cn/zhengce/zhengceku/2020－01/18/content_5470398. htm.

［5］ 浙江省自然资源监测中心 崔巍. 自然资源调查与监测辨析［N］. 中国自然资源报，2019.

［6］ 自然资源部. 自然资源调查监测标准体系（试行）［EB/OL］.（2021－01－04）［2021－10－22］. http：//
www. gov. cn/zhengce/zhengceku/2021－01/08/content_5577937. htm.

［7］ 国务院. 中华人民共和国矿产资源法实施细则［EB/OL］.（1994－03－26）［2021－10－24］. https：//
flk. npc. gov. cn/detail2. html? ZmY4MDgwODE2ZjNjYmIzYzAxNmY0MTMwMzdhZjFiY2U

［8］ 新华社. 中共中央关于制定国民经济和社会发展第十四个五年规划和二○三五年远景目标的建议［EB/
OL］.（2020－11－03）［2021－10－24］. https：//www. gov. cn/zhengce/2020－11/03/content_5556991. htm.

［9］ MCFEETERS S K. The use of the Normalized Difference Water Index（NDWI）in the delineation of open water
features［J］. International Journal of Remote Sensing，1996，17（7）：1425－1432.

［10］ HUETE A，DIDAN K，MIURA T，et al. Overview of the radiometric and biophysical performance of
the MODIS vegetation indices［J］. Remote Sensing of Environment，2002，83（1－2）：195－213.

［11］ CHEN X L，ZHAO H M，LI P X，et al. Remote sensing image－based analysis of the relationship between
urban heat island and land use/cover changes［J］. Remote Sensing of Environment，2006，104（2）：
133－146.

［12］ 陈云浩，冯通，史培军，等. 基于面向对象和规则的遥感影像分类研究［J］. 武汉大学学报（信息科学
版），2006，31（4）：316－320.

［13］ BARALDI A，BOSCHETTI L. Operational automatic remote sensing image understanding systems：beyond
geographic object－based and object－oriented image analysis（GEOBIA/GEOOIA）. part 1：introduction
［J］. Remote Sensing，2012，4（9）：2694－2735.

［14］ 王守荣. 全球水循环与水资源［M］. 北京：气象出版社，2003.

［15］ 钱正英，张光斗. 中国可持续发展水资源战略研究综合报告及各专题报告［M］. 北京：中国水利水电出
版社，2001.

［16］ 吕恒，江南，李新国. 内陆湖泊的水质遥感监测研究［J］. 地球科学进展，2005，20（2）：185－192.

［17］ 洪林，肖中新，蒯圣龙. 水质监测与评价［M］. 北京：中国水利水电出版社，2010.

［18］ RIDDICK C A L，HUNTER P D，TYLER A N，et al. Spatial variability of absorption coefficients over a
biogeochemical gradient in a large and optically complex shallow lake［J］. Journal of Geophysical Research：
Oceans，2015，120（10）：7040－7066.

［19］ KOIKE T，KOUDELOVA P，JARANILLA－SANCHEZ P A，et al. River management system development in
Asia based on Data Integration and Analysis System（DIAS）under GEOSS［J］. 中国科学：地球科学（英文
版），2015，58（1）：76－95.

[20] 王文, 汪小菊, 王鹏. GLDAS 月降水数据在中国区的适用性评估[J]. 水科学进展, 2014, 25(6): 769-778.

[21] XIA Y L, MITCHELL K, EK M, et al. Continental-scale water and energy flux analysis and validation for North American Land Data Assimilation System Project phase 2 (NLDAS-2): 2. Validation of model-simulated streamflow[J]. Journal of Geophysical Research: Atmospheres, 2012, 117: D03110.

[22] LENG P, LI Z L, DUAN S B, et al. A practical approach for deriving all-weather soil moisture content using combined satellite and meteorological data[J]. ISPRS Journal of Photogrammetry and Remote Sensing, 2017, 131: 40-51.

[23] LI S Y, GU S, TAN X, et al. Water quality in the upper Han River Basin, China: the impacts of land use/land cover in riparian buffer zone[J]. Journal of Hazardous Materials, 2009, 165(1-3): 317-324.

[24] GUO Q H, MA K M, YANG L, et al. Testing a dynamic complex hypothesis in the analysis of land use impact on lake water quality[J]. Water Resources Management, 2010, 24(7): 1313-1332.

[25] 王茹, 申茜, 彭红春, 等. 多源高分辨率卫星影像监测黑臭水体的适用性研究[J]. 遥感学报, 2022, 26(1): 179-192.

[26] 段梦伟, 李如仁, 刘东, 等. 河流水体悬浮泥沙遥感研究进展与展望[J]. 地球科学进展, 2023, 38(7): 675-687.

[27] 菅宁红, 赵海兰, 刘珉. 我国森林资源增长驱动因素及潜力分析——基于第九次全国森林资源清查结果[J]. 林草政策研究, 2022, 2(3): 64-71.

[28] 唐小明, 张煜星, 张会儒. 森林资源监测技术[M]. 北京: 中国林业出版社, 2012.

[29] JENNINGS S, BROWN N, SHEIL D. Assessing forest canopies and understorey illumination: canopy closure, canopy cover and other measures[J]. Forestry: an International Journal of Forest Research, 1999, 72(1): 59-74.

[30] BRÉDA N J J. Ground-based measurements of leaf area index: a review of methods, instruments and current controversies[J]. Journal of Experimental Botany, 2003, 54(392): 2403-2417.

[31] LANG M. Estimation of crown and canopy cover from airborne lidar data[J]. Forestry Studies, 2010, 52(2010): 5-17.

[32] SADEGHI Y, ST-ONGE B, LEBLON B, et al. Canopy height model (CHM) derived from a TanDEM-X InSAR DSM and an airborne lidar DTM in boreal forest[J]. IEEE J-STARS, 2016, 9(1): 381-397.

[33] 庞勇, 赵峰, 李增元, 等. 机载激光雷达平均树高提取研究[J]. 遥感学报, 2008, 12(1): 152-158.

[34] 何祺胜, 陈尔学, 曹春香, 等. 基于 LIDAR 数据的森林参数反演方法研究[J]. 地球科学进展, 2009, 24(7): 748-755.

[35] RICHARDSON J J, MOSKAL L M, KIM S H. Modeling approaches to estimate effective leaf area index from aerial discrete-return LIDAR[J]. Agricultural and Forest Meteorology, 2009, 149(6-7): 1152-1160.

[36] LI W K, GUO Q H, JAKUBOWSKI M K, et al. A new method for segmenting individual trees from the lidar point cloud[J]. Photogrammetric Engineering & Remote Sensing, 2012, 78(1): 75-84.

[37] 全国人民代表大会常务委员会. 中华人民共和国土地管理法[EB/OL]. (2019-08-26)[2021-11-12]. https://flk.npc.gov.cn/detail2.html?ZmY4MDgwODE2ZjNjYmIzYzAxNmY0NjI2OTAzNDI3ZmM%3D

[38] 赵其国, 周生路, 吴绍华, 等. 中国耕地资源变化及其可持续利用与保护对策[J]. 土壤学报, 2006, 43(4): 662-672.

[39] 国务院第三次全国土地调查领导小组办公室. 第三次全国土地调查总体方案[EB/OL]. (2018-01-01)[2021-11-12]. https://view.officeapps.live.com/op/view.aspx?src=https%3A%2F%2Fwww.mnr.gov.cn%2Fgk%2Ftzgg%2F201801%2FP020180703578079044466.doc&wdOrigin=BROWSELINK

[40] 程锋, 王洪波, 郧文聚. 中国耕地质量等级调查与评定[J]. 中国土地科学, 2014, 28(2): 75-82, 97.

[41] 吴洋，杨军，周小勇，等.广西都安县耕地土壤重金属污染风险评价[J].环境科学，2015，36(8)：2964-2971.

[42] 陈劲松，黄健熙，林珲，等.基于遥感信息和作物生长模型同化的水稻估产方法研究[J].中国科学：信息科学，2010，40(S1)：173-183.

[43] 唐延林，黄敬峰，王人潮，等.水稻遥感估产模拟模式比较[J].农业工程学报，2004，20(1)：166-171.

[44] SAKAMOTO T, GITELSON A A, ARKEBAUER T J. MODIS-based corn grain yield estimation model incorporating crop phenology information[J]. Remote Sensing of Environment, 2013, 131：215-231.

[45] NY/T 1121-2006 土壤检测系列标准[S] 北京：中华人民共和国原农业部，2006.

[46] LOH W Y, SHIH Y S. Split selection methods for classification trees[J]. Statistica Sinica, 1997, 7(4)：815-840.

[47] 张建龙.湿地公约履约指南[M].北京：中国林业出版社，2001.

[48] 张明祥，张建军.中国国际重要湿地监测的指标与方法[J].湿地科学，2007，5(1)：1-6.

[49] 丛毓，邹元春，吕宪国，等.湿地资源调查与湿地监测的比较研究[J].湿地科学，2021，19(3)：277-284.

[50] 蒋卫国，张泽，凌子燕，等.中国湿地保护修复管理经验与未来研究趋势[J].地理学报，2023，78(9)：2223-2240.

[51] 张春丽，刘继斌，佟连军.不同空间尺度的湿地保护与持续利用研究[J].资源科学，2007，29(3)：132-138.

[52] IZSÁK J. Parameter dependence of correlation between the Shannon index and members of parametric diversity index family[J]. Ecological Indicators, 2007, 7(1)：181-194.

[53] 秦趣，代稳，刘兴荣.乌蒙山区城市人工湿地生态系统健康评价——以六盘水明湖国家湿地公园为例[J].水生态学杂志，2013，34(5)：43-46.

[54] 中华人民共和国环境保护部.区域生物多样性评价标准：HJ 623—2011[S].北京：中国环境科学出版社，2012.

[55] 庄大昌.洞庭湖湿地生态系统服务功能价值评估[J].经济地理，2004，24(3)：391-394，432.

[56] HANSSON L A, BRÖNMARK C, NILSSON P A, et al. Conflicting demands on wetland ecosystem services：nutrient retention, biodiversity or both？[J]. Freshwater Biology, 2005, 50(4)：705-714.

[57] 国务院办公厅.国务院办公厅关于加强草原保护修复的若干意见案[EB/OL].(2021-03-12)[2021-11-08]. https://www.gov.cn/gongbao/content/2021/content_5600082.htm

[58] 穆少杰，李建龙，陈奕兆，等.2001—2010年内蒙古植被覆盖度时空变化特征[J].地理学报，2012，67(9)：1255-1268.

[59] 马娜，胡云锋，庄大方，等.基于遥感和像元二分模型的内蒙古正蓝旗植被覆盖度格局和动态变化[J].地理科学，2012，32(2)：251-256.

[60] 张旭琛，朱华忠，钟华平，等.新疆伊犁地区草地植被地上生物量遥感反演[J].草业学报，2015，24(6)：25-34.

[61] 卫亚星，王莉雯，石迎春，等.青海省草地资源净初级生产力遥感监测[J].地理科学，2012，32(5)：621-627.

[62] GAO Q Z, LI Y, WAN Y F, et al. Dynamics of alpine grassland NPP and its response to climate change in Northern Tibet[J]. Climatic Change, 2009, 97(3-4)：515-528.

[63] 安卯柱，高娃，朝鲁.内蒙古第四次草地资源调查草地生产力测定及计算方法简介[J].内蒙古草业，2002，14(4)：20-21.

[64] 牛志春，倪绍祥.青海湖环湖地区草地植被生物量遥感监测模型[J].地理学报，2003，58(5)：695-702.

［65］ BEERI O, PHILLIPS R, HENDRICKSON J, et al. Estimating forage quantity and quality using aerial hyperspectral imagery for northern mixed-grass prairie［J］. Remote Sensing of Environment, 2007, 110(2): 216-225.

［66］ TAN K P, KANNIAH K D, CRACKNELL A P. A review of remote sensing based productivity models and their suitability for studying oil palm productivity in tropical regions［J］. Progress in Physical Geography: Earth and Environment, 2012, 36(5): 655-679.

图书在版编目(CIP)数据

自然资源调查监测与分析案例实战／邹滨，冯徽徽，
许珊编著. —长沙：中南大学出版社，2023.12
ISBN 978-7-5487-4642-3

Ⅰ. ①自… Ⅱ. ①邹… ②冯… ③许… Ⅲ. ①自然资
源—资源调查—监测—实验 Ⅳ. ①P962-33

中国国家版本馆 CIP 数据核字(2023)第 024955 号

自然资源调查监测与分析案例实战
ZIRAN ZIYUAN DIAOCHA JIANCE YU FENXI ANLI SHIZHAN

邹滨　冯徽徽　许珊　编著

□责任编辑　刘小沛
□责任印制　唐　曦
□出版发行　中南大学出版社
　　　　　　社址：长沙市麓山南路　　　　邮编：410083
　　　　　　发行科电话：0731-88876770　　传真：0731-88710482
□印　　装　长沙市宏发印刷有限公司

□开　　本　787 mm×1092 mm　1/16　□印张 12.75　□字数 315 千字
□互联网+图书　二维码内容　图片 39 张　字数 1 千字
□版　　次　2023 年 12 月第 1 版　　□印次 2023 年 12 月第 1 次印刷
□书　　号　ISBN 978-7-5487-4642-3
□定　　价　55.00 元

图书出现印装问题，请与经销商调换